U0183673

华中科技大学"青春力行"系列丛书
HUST Youth Power Social Practice Series

编委会

· · · · · · · · · ·

乡村里·先锋志

华中科技大学建筑与城市规划学院
党员先锋服务队乡村振兴实践报告集

主编　何立群　王玥　高亚群

华中科技大学出版社
http://press.hust.edu.cn
中国·武汉

图书在版编目（CIP）数据

乡村里·先锋志：华中科技大学建筑与城市规划学院党员先锋服务队乡村振兴实践报告
集/何立群，王玥，高亚群主编.—武汉：华中科技大学出版社，2023.6
　ISBN 978-7-5680-9613-3

　Ⅰ.① 乡… Ⅱ.① 何… ② 王… ③ 高… Ⅲ.① 华中科技大学建筑与城市规划学院-
城乡规划-研究报告 Ⅳ.① TU982.29

中国国家版本馆 CIP 数据核字（2023）第 108588 号

乡村里·先锋志　　　　　　　　　　　　　　　　　　　　　　　　　　　何立群
华中科技大学建筑与城市规划学院　　　　　　　　　　　　　　　　　　王　玥　主编
党员先锋服务队乡村振兴实践报告集　　　　　　　　　　　　　　　　　高亚群

Xiangcunli · Xianfengzhi
Huazhong Keji Daxue Jianzhu yu Chengshi Guihua Xueyuan
Dangyuan Xianfeng Fuwudui Xiangcun Zhenxing Shijian Baogaoji

策划编辑：周清涛　庹北麟
责任编辑：苏克超
封面设计：王　玥　徐　聪
责任校对：张汇娟
责任监印：周治超
出版发行：华中科技大学出版社（中国·武汉）　　　电话：（027）81321913
　　　　　武汉市东湖新技术开发区华工科技园　　　邮编：430223
录　　排：华中科技大学出版社美编室
印　　刷：湖北恒泰印务有限公司
开　　本：710mm×1000mm　1/16
印　　张：16.5　　插页：2
字　　数：296 千字
版　　次：2023 年 6 月第 1 版第 1 次印刷
定　　价：98.00 元

序 言

行万里路用脚步丈量大地，坚持实践用知识服务乡村

习近平总书记在党的十九大报告中提出"产业兴旺、生态宜居、乡风文明、治理有效、生活富裕"的实施乡村振兴战略总要求，党的二十大进一步提出"全面推进乡村振兴""建设宜居宜业和美乡村"的目标要求。民族要复兴，乡村必振兴。遵循习近平总书记的"到党、祖国和人民最需要的地方去"的殷切嘱托，自 2008 年汶川抗震救灾党员先锋服务队始，华中科技大学建筑与城市规划学院积极响应地方需求，充分发挥自身学科专业、人才、技术等智力资源优势，深度参与脱贫攻坚、乡村振兴战略的实施，深入乡村一线开展一系列品牌实践活动。学院每年组建一批由专业老师、思政辅导员和优秀学生代表组成的党员先锋服务队，秉承着用专业知识服务乡村建设的理念，以推动乡村振兴发展、为当地村民解决实际问题为目标，把服务足迹印刻在广袤的祖国大地上。一朝责任，十五年传承，从灾后重建的第一现场到贫穷落后的大山深处，从茫茫戈壁到万里海疆，党员先锋服务队响应人民需求，完成了一系列乡村发展规划及乡村设计，为当地政府累计节约上千万元的规划设计费用，改善了当地乡村人居环境，工作成果得到了政府和群众的普遍认可。

2021 年是脱贫攻坚全面胜利和乡村振兴战略全面启动的重要一年，在完成脱贫攻坚主战场任务之后，党中央吹响了乡村振兴的号角。响应时代要求，2021 年、2022 年，学院党员先锋服务队以"党旗领航重温红色精神，设计下乡助力乡村振兴"为主题，深入云南临沧，贵州遵义、毕节，

湖北孝昌等山区及革命老区，将红色精神与乡村振兴有机相融，求索老、少、边、穷地区的乡村振兴路径。建规学院的师生们在大量实地调研和规划方案的基础上，编写了《乡村里·先锋志：华中科技大学建筑与城市规划学院党员先锋服务队乡村振兴实践报告集》，从产业发展规划、人居环境改善、历史遗产保护、数字创意助力乡村文化振兴、"两山"理论转化实践指导等多方面提出了乡村振兴路径，为政策制定提供参考依据。该报告集注重挖掘当前乡村发展的深层次矛盾及问题，注重将专业方案以图文并茂的方式生动展现，汇集了大量乡土优秀做法，为乡村建设者提供了一定的参考借鉴。

乡村振兴是一个广阔的领域，需要全社会的参与和支持。该报告集的出版，可以通过对实践案例的介绍和分析，提高社会各界对乡村振兴的意识和认识，激发全社会更多的参与热情和动力，促进不同领域和行业间的交流和合作，共同推动乡村振兴事业不断向前。华中科技大学建筑与城市规划学院党员先锋服务队将实践课堂建在中国最广袤的田野乡村，学生实地参与乡村建设过程，直面乡村建设真实社会经济环境，形成了以"实地、实景、实题、实操"为特征的"实践＋"新型育人模式，引导学生关注乡村、热爱乡村、建设乡村，为中国式乡村现代化，贡献华中科技大学智慧。

华中科技大学建筑与城市规划学院　院长

黄亚平

2023 年 6 月

目 录

乡村振兴背景下东河村人居环境改善设计方法探索

—————— 摘　要 ——————

巩固拓展脱贫攻坚成果，建设宜居宜业和美乡村成为当前乡村发展工作的主要目标。在此关键时间节点，实践团队立足于提升乡村人居环境、建设宜居宜业和美乡村的工作目标，深入乡野进行乡村资源禀赋的调研工作。我们以孝昌县东河村为调研实践地点，采用问卷调查、文献调研、访谈调查、实地考察等调研方法，结合建筑质量风貌评估与航拍视角的空间分析方法，获得巴石、十里和黄城自然本底、公服设施、建筑质量评估、社会经济等丰富翔实的基础资料。在东河村圆满完成脱贫攻坚任务的前提下，通过分析研判，总结出东河村仍存在对外交通形式单一、缺少科学的规划、人居环境品质较低等问题，严重阻碍了乡村人才回流。针对以上问题，实践团队深入了解村民的生活需求，适应性设计民居改造方案并选择有代表性的村民活动空间进行环境整治设计。以乡村设计"巧作为"为指导思想，综合考虑乡村地方性建设特征，用设计点亮乡村，为东河村人居环境改善建言献策，助力乡村振兴。

—————— 关键词 ——————

乡村振兴；东河村；乡村规划；田野调研；人居环境

一、问题的提出

乡村振兴是农民的迫切要求。对农民来说，产业兴旺是解决就业和收入两大问题最重要、最直接的手段。我国农民的收入中，外出务工收入不断增加，所占比例已经达到最高。但是，农业收入仍然占据重要地位，尤其对留在农村里的人来说，务农仍然是最重要的收入。2017年10月18日，习近平总书记在党的十九大报告中指出，中国特色社会主义进入新时代，我国社会主要矛盾已经转化为人民日益增长的美好生活需要和不平衡不充分的发展之间的矛盾。支持和促进乡村发展是实现"两个一百年"奋斗目标和中华民族伟大复兴中国梦的必然要求。乡村振兴，规划先行。我们牢记习总书记嘱托，前往孝昌县东河村全面开展村镇发展现状调研，以国土空间规划统筹村庄发展空间，在田间地头聆听村民脱贫后的"八个梦想"，挖掘出东河村存在的对外交通形式单一、缺少科学的规划、人居环境品质较低等问题，在为中国最普通的农业村寻找一条符合实际的村庄振兴道路的同时探索村庄人居环境改善设计方法，吸引外流人口回村以激活村庄内生动力[1]。

（一）调研背景

当前，我国乡村脱贫攻坚的艰巨任务已基本完成，正处于巩固脱贫攻坚成果向乡村振兴的过渡阶段，在此关键时间节点，只有做好两者的有效衔接，才能更好地找到乡村振兴的路径[2][3]。

□ 1. 乡村振兴工作

2019 年 6 月 17 日，国务院颁布了《关于促进乡村产业振兴的指导意见》，指出，要以习近平新时代中国特色社会主义思想为指导，全面贯彻党的十九大和十九届二中、三中全会精神，牢固树立新发展理念，落实高质量发展要求，坚持农业农村优先发展总方针，以实施乡村振兴战略为总抓手，以农业供给侧结构性改革为主线，围绕农村一、二、三产业融合发展，与脱贫攻坚有效衔接、与城镇化联动推进，聚焦重点产业，聚集资源要素，强化创新引领，突出集群成链，培育发展新动能，加快构建现代农业产业体系、生产体系和经营体系，推动形成城乡融合发展格局，为农业农村现代化奠定坚实基础。2022 年 4 月 7 日，为全面贯彻乡村振兴战略，落实《中共中央 国务院关于做好 2022 年全面推进乡村振兴重点工作的意见》，文化和旅游部等六部门印发《关于推动文化产业赋能乡村振兴的意见》，以习近平新时代中国特色社会主义思想为指导，全面系统学习贯彻习近平总书记关于"三农"工作的重要论述，全面贯彻党的十九大和十九届历次全会精神，准确把握乡村振兴战略的科学内涵，围绕立足新发展阶段、贯彻新发展理念、构建新发展格局、推动高质量发展，实现巩固拓展脱贫攻坚成果同乡村振兴有效衔接，促进共同富裕，牢牢守住保障国家粮食安全和不发生规模性返贫两条底线，强化以城带乡、城乡互促，以文化产业赋能乡村人文资源和自然资源保护利用，促进一、二、三产业融合发展，贯通产加销、融合农文旅，传承发展农耕文明，激发优秀传统乡土文化活力，助力实现乡村产业兴旺、生态宜居、乡风文明、治理有效、生活富裕。

□ **2. 国土空间规划改革**

2018 年 3 月 17 日，第十三届全国人民代表大会第一次会议正式批准了《国务院机构改革方案》。该改革方案宣布组建自然资源部。这为生态文明建设这一关系中华民族永续发展的千年大计奠定了制度基础和组织保障，进一步树立和践行了绿水青山就是金山银山的理念。根据《中共中央 国务院关于建立国土空间规划体系并监督实施的若干意见》《自然资源部办公厅关于加强村庄规划促进乡村振兴的通知》等文件精神，国土空间规划应遵循"五级三类四体系"总体框架，在城镇开发边界外的乡村地区应由乡镇政府组织编制"多规合一"的实用性村庄规划。实用性村庄规划的编制重点在于：统筹城乡发展，有序推进村庄规划编制；全域全要素编制村庄规划；尊重自然地理格局，彰显乡村特色优势；精准落实最严格的耕地保护制度；统筹县域城镇和村庄规划建设，优化功能布局；充分尊重农民意愿；加强村庄规划实施监督和评估。

（二）目的与意义

□ **1. 求索振兴精神，书写建规学子助力乡村发展篇章**

党的十九大以来，习近平总书记就建设社会主义新农村、建设美丽乡村，提出了很多新理念、新论断、新举措。强调小康不小康，关键看老乡。中国要强，农业必须强；中国要美，农村必须美；中国要富，农民必须富。强调实现城乡一体化，建设美丽乡村，是要给乡亲们造福，不要把钱花在不必要的事情上，不能大拆大建，特别是要保护好古村落。强调乡村文明是中华民族文明史的主体，村庄是这种文明的载体，耕读文明是我们的软实力。强调农村是我国传统文明的发源地，乡土文化的根不能断，农村不能成为荒芜的农村、留守的农村、记忆中的故园[4]。强调搞新农村建设要注意生态环境保护，注意乡土味道，体现农村特点，保留乡村风貌，坚持传承文化，发展有历史记忆、地域特色、民族特点的美丽城镇。在祖国的大地上，乡村振兴伟大事业正如火如荼开展，华中科技大学建筑与城市规划学院党员先锋服务队响应党中央号召，前往老、少、边、穷地区，为祖国人民送规划、送设计；前往孝昌县东河村开展村镇发展现状调研，书写建规学子助力乡村发展篇章。

□ 2. 传承初心使命，勇担华中大建规的社会责任担当

2008 年汶川地震发生后，来自华中科技大学建筑与城市规划学院（简称"华中大建规""建规""建规学院"）的 6 名研究生党员和学院副教授耿虹老师组成第一支党员先锋服务队，受国家建设部委派，前往成都参与灾后过渡安置规划工作。连续奋战一周，完成了 26 个灾后临时安置点规划图，这些安置点可以为超过两万的灾民提供临时住处。在祖国和人民最需要的时刻，挺身而出，胸怀天下，心系民生，认真科学规划，把自己的专业知识运用到为祖国和人民服务中。服务队这份责任感，在灾区的所作所为，极大地感染了学校全体师生，激发了大家的爱国主义热情。十多年来，建规学院党员先锋服务队不断向前，足迹遍布新疆、云南、广西、山西以及孝昌、襄阳、大冶、保康、英山、恩施等地。在实践中传承初心使命，在实践中强化责任担当。

2010 年 1 月，习近平在华中科技大学视察期间，参观了"党员先锋服务队成果展"，聆听了党员先锋服务队队员们的汇报。习近平肯定了同学们的实践成果，对他们第一时间奔赴灾区参与灾后重建给予较高评价，认为他们充分体现了党员的先进性和模范带头作用。他说：从中看到了"80 后""90 后"年轻一代的精神风貌。

□ 3. 锻炼专业素养，引导建规学子的人生职业选择

建规学院结合学科特点，充分发挥教工党员和骨干教师的作用，将专业教育与实践教育、责任教育相结合，走具有本学科特色的人才培养之路。使团队成员在实践中增长知识才干。曾经带队的建规学院院长黄亚平教授说："我们这样的专业，实践性是特色，带学生去社会实践，既能让他们在实践中增长才干，又能增强他们的责任感，早日进入规划师的职业角色，这样的实践活动很有意义！"专业指导老师是服务队的灵魂人物，历年来带队的老师有普通教师，有院长，有系主任、副系主任，也有刚到工作岗位的讲师，他们放弃假期的休

息时间、专属于自己的科研时间，到条件艰苦的地方去为服务队做指导。党员学生是服务队的中坚力量，参加服务队，是责任，是一种为社会服务的责任，教育好学生具有服务社会的责任；是坚守，坚守一个建规人对专业的热爱，坚守一个党员对祖国的贡献；是传承，积极加入党员先锋服务队，为社会服务做传承。

（三）核心词汇释义

□ 1. 国土空间规划下的村庄规划

按照 2019 年 5 月发布的《中共中央 国务院关于建立国土空间规划体系并监督实施的若干意见》，我国国土空间规划应遵循"五级三类四体系"总体框架。"五级"即纵向看，对应我国国家级、省级、市级、县级、乡镇级五级行政管理体系；"三类"即规划的类型，分为总体规划、详细规划、相关的专项规划，其中村庄规划属于详细规划范畴，强调村庄规划编制的实用性；"四体系"即编制审批体系、法规政策体系、技术标准体系、实施监督体系。

□ 2. 乡村振兴战略

乡村振兴战略是习近平总书记 2017 年 10 月 18 日在党的十九大报告中提出的战略。党的十九大报告指出，农业农村农民（简称"三农"）问题是关系国计民生的根本性问题，必须始终把解决好"三农"问题作为全党工作的重中之重，实施乡村振兴战略。

‖ 二、调研实践方法与田野点介绍

（一）研究方法

□ 1. 文献查阅法

通过对《习近平新时代中国特色社会主义思想学习纲要》《关于实施乡村

振兴战略的意见》《自然资源部办公厅关于加强村庄规划促进乡村振兴的通知》，以及湖北省孝昌县及王店镇政府工作报告和华中科技大学驻东河村扶贫工作队马队长对东河村基本概况汇报的学习研究，总结出湖北省孝昌县东河村乡村振兴工作开展的本底条件和适宜的发展方向，并针对可能出现的问题在国土空间规划层面做出相应的应对措施。

□ **2. 访谈调查法**

通过对孝昌县敦厚村韵鹤生态园左经理进行访谈，深入了解乡村振兴中产业振兴的重要性与路径。并从村民诉求、家庭情况、土地现状、建筑年代等方面，对东河村村民进行走访与入户访谈，深入了解东河村发展现状，以及现有乡村振兴计划的落实情况与村民反响，总结现有问题与发展特征，为后续规划工作提供资料基础。

□ **3. 问卷调查法**

在调研中向东河村村民、村干部、乡贤等发放调查问卷，以获取客观量化数据与主观定性数据，为探索东河村乡村振兴模式提供数据与民意基础。

□ **4. 实地考察法**

对东河村进行实地考察，调研各村湾土地权属情况与建筑质量，并标注在地图上，以指导后期村庄节点改造设计。实地考察王店镇乡村振兴优秀案例高岗村，学习借鉴振兴经验。并走访了王店镇磨山村，参观红色文化纪念馆，集体学习"中原突围第一枪"党史，感悟革命精神，参观石艺博物馆与农耕文化博物馆，感受王店镇的历史文化底蕴以及在乡村振兴中的作用。

（二）田野点介绍

东河村位于孝昌县王店镇。位于孝感市、孝昌县东北面，东面为滠河，与大悟县相邻，处在"武汉1+8城市圈"，距离王店镇8公里，东、西边均有省道或国道，乘车20分钟内可到达王店镇，30分钟内可到达孝昌县城。京港澳高速纵向穿过孝昌县，是孝昌县交通的重要部分，东河村处在京港澳高速路线上，对村庄的建设和发展有重大意义。

东河村共分为巴石村、十里村、黄城村三个自然村，其中巴石村有 7 个村湾，黄城村有 5 个，十里村有 3 个。人口分布情况：东河村有 891 户 3380 人。其中，巴石村 264 户 1189 人，黄城村 407 户 1425 人，十里村 220 户 766 人。

根据孝昌县的总体规划分析，东河村处在孝昌县的西部现代农业区东部，临近滠河生态廊道，同时承担生态保护和农业生产两个功能。

（三）调研思路

❑ 1. 通过比较调研，探索农业型村庄乡村振兴模式

通过对历史文化型村庄磨山村以及优秀乡村振兴案例高岗村和东河村的发展情况进行比较调研，因地制宜寻找农业型普通村庄的乡村振兴途径。

❑ 2. 从国土空间规划的视角，为农业型村庄提出乡村振兴战略

一是通过对东河村第三次全国国土调查数据进行 ArcGIS 分析，认识当地地理特征与国土空间格局，识别乡村本底，挖掘特征潜力；二是产业导入，即结合当地地理条件与资源禀赋配置相应产业；三是创新设计，提出因地制宜的村庄风貌与人居环境改善措施。

三、孝昌县东河村设计成果

（一）调研工作回顾

本次调研活动前后持续十一天（2022 年 7 月 13 日至 7 月 23 日）时间。实践团队在区、镇、村三级机构的支持下，完成了基础资料收集、入户访谈、屋场"院子会"、优秀乡村振兴案例走访学习等多项事务，具体内容如表 1 所示。

表 1 实践团队在东河村的社会实践时间表

(队员自绘)

日期	工作内容
7月13日	下午：参观古镇议发展 晚上：动员分工明任务
7月14日	上午：多方会谈明现状 下午：入户访谈听民意
7月15日	白天：补充调研细分类 晚上：学术讨论共思考
7月16日	举行屋场"院子会" 宣传党员先锋服务队
7月17日	上午：参观案例深思考 下午：学习党史守初心
7月18日	参观农耕博物馆 感悟产业振兴意义
7月19日	访谈返乡青年企业家 多视角了解乡村振兴
7月20日	梳理报告做汇报 提出建议谋发展
7月21日	分组总结汇资料
7月22日	集中整理撰报告
7月23日	二次汇报编规划

（二）调研问题总结

□ 1. 村庄振兴历程

东河村坐落于湖北省东北部，江汉平原边缘，大别山余脉。有山有水、山水相融的自然条件和格局使这里风景秀丽、环境优美；适宜的气候、河水的灌溉使这里适于耕作；资金的投入、基础设施的改善使这里道路不见泥泞……东河村有着得天独厚的自然资源条件，但展现出的是中国农村最普通的样貌：破旧，衰败，缺乏活力，甚至在产业方面远不及一些中西部发达县市区的普通村庄。

究其根本，在于人口的流失，有了人，村庄才有活力，有了人才，才有资金和技术，产业才能发展，百姓才能安居。靠近大城市给了这些村庄发展的契机，同时也要承受大城市虹吸效应带来的弊端。

1）脱贫攻坚，协同发力

孝昌县是国家新一轮扶贫开发重点县、大别山集中连片特困地区县，2013年底全县建档立卡贫困村107个（其中深度贫困村7个），贫困人口35071户124433人，贫困发生率21.72%。截至2020年，孝昌所有建档立卡贫困村全部脱贫出列，贫困人口全部脱贫销号。2020年4月，省政府正式批准孝昌退出贫困县。

2021年，孝昌县巩固拓展脱贫攻坚成果，全力开展"功能镇区、和美乡村、实力产业"三项行动，持续推进乡村振兴，巩固拓展脱贫攻坚成果同乡村振兴有效衔接，实现良好开局。坚持一次规划、分步实施，结合"擦亮小城镇"行动，编制完成11个乡镇的镇区建设规划。坚持因地制宜、量力而行，围绕"七个补齐"，筛选确定功能镇区项目200个共5.6亿元。

2）巩固基础，满足民需

在脱贫攻坚及乡村振兴行动中，孝昌县聚焦生活垃圾和污水治理、农村改厕等问题，持续推进完善各项基础设施。现阶段东河村村域公共设施种类较为齐全，在文化、体育等方面能够满足村域内村民的基本需求。"厕所革命"的持续推进有效地解决了农村如厕难的问题；垃圾桶实现一户一桶、定期清理，在一定程度上保障了村域内环境的整洁。

3）产业进村，焕发活力

自2015年中共中央政治局审议通过《关于打赢脱贫攻坚战的决定》，孝昌县全力发展扶贫产业。坚持把产业扶贫作为主攻方向，围绕观双线、松姚线、丰邹线、261省道、十里苗木长廊等"四好农村路"，发展布局苗木花卉、果茶、中药材、蔬菜、稻渔种养等"五大农业特色产业"55.9万亩；按照"每个贫困村至少建立一个产业基地、一个农民专业合作社、一套利益联结落实机制、一个村集体经济收入增收门路"的目标，实现所有贫困村扶贫产业全覆盖，增强脱贫攻坚"造血"功能。

在电商、互联网平台兴起的大趋势下，全力推进消费扶贫。充分激发全社会参与消费扶贫的积极性，2020年"扶贫832"平台入驻供应商52家、上架扶贫产品299个，销售额达2.2亿元。通过"以购代捐""以买代帮"等方式，动员全县党员干部和省市定点帮扶单位、社会各界爱心人士购买扶贫产品，多渠道解决农产品销售难问题，带动贫困群众稳定脱贫、增收致富。

4）对口帮扶，持续发展

长期以来，东河村种植业以粮食作物为主，因自然条件限制，投入大、产量少、品质差、收入低，村民渐渐失去种植粮食作物的积极性。华中科技大学驻王店镇东河村乡村振兴工作队牢固树立"驻村为民"的理念，用真心贴近群众，用脚步丈量民情，大力发展实力产业。工作队驻村后主动对接，以华中大食堂对时令蔬菜的需求为契机，积极开展走访调研，决定在该村建设蔬菜基地。

2022年，东河村集体与孝孟红生态农业科技有限公司开展合作，进行统一土地流转，建成的蔬菜基地以"村集体＋合作社＋农户"的模式运行。一期基地建设完成后，承包企业每年付给村集体的租金达12000元，带动了40人就近就业。村集体、企业、农户三方实现了抱团发展、利益共享、合作共赢。

村"两委"和工作队计划利用三到五年的时间，扩大种植面积300至500亩，对蔬菜大棚进行改进升级，增加草莓等高端品种水果的种植，丰富基地内经济作物种类，大力发展家庭农场、观光农业、亲子采摘等农旅融合项目，把东河村蔬菜基地打造成集种植、采摘、养殖、餐饮、住宿于一体的农民"绿色银行"。

□ 2. 村庄发展问题研判

1）对外交通形式单一

孝昌县作为孝感市辖县级行政单位，仅有京广普速线过境，对外交通形式单一，且重要高速公路出入口较少，省国道及高速公路三级道路体系不完善；王店镇东河村位于孝昌县的边缘，交通覆盖度相对较低，与县城的交通联系急需完善。

2）管理粗放，缺少科学的规划

东河村各类用地以自然状态呈块状散乱分布，管理粗放，缺少科学的规划。植物资源种类丰富，分布地域广，有较大开发潜力；农作物种植以传统人工种植模式为主,近年来农作物种植质量不高,部分土地已荒废。林地、坑塘水面及其他自然景观未经集中治理,现状混乱,缺少特色,存在一定污染现象,观赏性较差。水资源匮乏,常出现干旱缺水现象。

3)存在空心村、人口外流、维持生计的闭环与困境

东河村在年龄结构和性别结构上,留守的老年人和妇女多,在素质结构上,农业劳动力素质结构失衡。突出的社会问题是老龄化严重、年轻人外出务工以维持生计导致人口外流问题尤为严重。空心村、人口外流、村民生计维持这几个问题之间形成一个难以打破的闭环,是村庄最主要的发展困境。

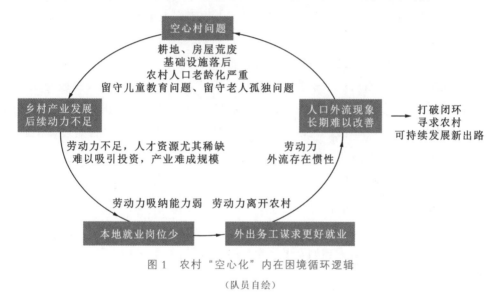

图 1 农村"空心化"内在困境循环逻辑

(队员自绘)

4)缺少成规模产业配套设施

东河村缺少成规模产业配套设施,但交通系统便利。以水稻、油菜花种植产业为主导,其余产业有火龙果种植、茶树种植、家禽养殖等。产业用地呈现部分集中但不成规模的特点。村主要劳动力选择外出就业且收入较高。产业链不完整,各产业促进就业较少,出口潜力不大。总体对区域发展贡献不高,竞争能力不强。

5)疫情突发,发展受阻

新冠肺炎(我国于 2022 年 12 月 26 日将其更名为"新型冠状病毒感染")疫情给脱贫攻坚带来影响,特别是贫困劳动力外出就业受阻、部分扶贫农产品销售困难等问题十分突出,在一定程度上为村庄的发展带来阻碍。

（三）样本深入调研——巴石村发展现状

□ 1. 基本情况

1）区位分析

地理区位：巴石村位于孝感市孝昌县王店镇东部，距王店镇中心10.5公里，距王店镇人民政府9.6公里，距县城20公里。地理位置偏僻，交通不便。巴石村河流、涵洞多，丘陵多，人多地少，人均不到半亩水田。2020年脱贫攻坚完成以前，该村31%的人口是贫困户。巴石村人口外流严重，第一产业占主导地位且无突出特色，是中国较普通的农业乡村。

交通区位：巴石村位于孝感市孝昌县王店镇东部，距王店镇人民政府9.6公里，距县城20公里，另外距武汉天河机场（4F级）86公里。紧邻"东澴河"和大悟县，位于孝昌、大悟、广水三县交界处，京珠高速穿村而过，交通障碍（河流、涵洞）较多，交通出行不便。

2）人口状况

截至2021年底，全村共264户1189人，其中0~17岁人口占比约为20.5%，60岁及以上人口占比约为16.2%，女性人口占比约为46.2%。呈现出举家外出多、留守老人和妇女多、学生多的特点。

3）资源条件

自然资源：巴石村坐落在王店镇最东部，该村有着丰富的水、草、林资源优势。该村紧邻澴水，澴水属于长江支流。位于湖北省中部偏东，源出应山县营盘山，流经孝昌到黄陂南谌家矶入长江。巴石村附近澴水水源质量较好，水流干净，当地政府修建水利工程从澴水引水保障农田灌溉。巴石村坑塘内不同水域生长植物略有异同。部分池塘承包给专人养鱼、养虾；大部分池塘为闲置状态，池塘内有青苔、野草等植物，池塘内的水质较差，村民大多从邻近池塘引水进行农田浇灌。池塘周边植物种类多样，但自然生长、杂乱分布，缺少观赏性。

教育资源：巴石村目前教育资源比较匮乏，并没有建立正规的学校，村里的适龄儿童多在附近的王店镇、小河镇或孝昌县、大悟县上学。另外，巴石村对教育投入少，从而导致经济与教育发展的恶性循环。政府作用外力不足，无法打破经济与教育发展的恶性循环，使得素质结构长期不合理。

医疗资源：在医疗资源方面，巴石村尤为匮乏，巴石村基层医疗服务能力不足，医疗环境落后。全村仅有一间卫生室，巴石村卫生室经常遇到缺医少药的窘境。如病情略有严重，村里人多往孝昌县城进行医治，该村距离孝昌县第一人民医院 18 公里。

历史资源：位于孝昌县新城区中心的殷家墩，属我国新石器时代的古文化遗址。主墩面积 6.4 亩，高出四周地面 8 米。该遗址地下文物内涵丰富，与附近的草店芳城、白莲寺和田家岗古墓群形成对映。殷家墩缩印了原始社会末期人类生活情景，草店芳城的战略布局和出土的刀矛、箭镞，使人们遥想到三国时期，魏国军队守溾水、逼荆州、取东吴、攻蜀营的历史烟云。在这片古老的土地上，可以寻觅到爱国诗人屈原、唐代诗仙李白历游荆楚、驻足安陆的踪迹。经 1980 年原孝感地区博物馆文物普查和 1982 年北京大学考古系邹衡教授领队试掘，殷家墩遗址有两个时期的文化遗物。一是龙山文化，二是西周文化，时间分别约有 4000 年和 3500 年。已采集的文物有灰陶罐、黄陶兰纹缸、高脚杯、卷边鬲等陶器，以及石斧、石凿等石器，还有铜戟、铜矛等大量青铜器，具有很高的历史、科学研究价值。建县以来，孝昌县文化部门对殷家墩采取了重点保护措施，修建了仿古围墙，在殷家墩古遗址原址修建了博物馆，可供研究、参观、游览。

4）基础设施

截至 2017 年，巴石村已经在 7 个自然湾路做了 12 个公厕，在政府的大力支持下，村道进行了扩宽，路基达到 6 米，房子改建，活动中心做了一处。现在的巴石村有平整宽阔的水泥道路，迎风招展的风景树，3000 平方米的开阔平坦的休闲文化广场以及停车场，广场上栽有桂花、樱花、月季花，安装路灯 83 盏。

"农垦广场"的地面硬化面积达 1000 平方米，由孝昌县农田土地整改的专项资金支持。华中科技大学驻村工作队在规划设计、功能分布和基础设施建设方面给予引导和支持。

"乡聚礼堂"主要功能是巴石村文化展览（美丽乡村建设成果、产业发展、乡村文化传承等等）、巴石村农民学校和红白喜事相聚；"农垦广场"主要用于秋收稻谷的晾晒和体育健身。"农垦广场"和"乡聚礼堂"位于巴石村一组胡家湾，是改善人居环境和改造村庄环境的有效尝试，充分体现了村干部和乡村能人积极发挥主人翁精神共建美丽家园。

□ 2. 经济与产业现状

1）村庄经济现状

（1）一、二、三产业产出及占比。

同东河村其他自然村相同，巴石村以第一产业为主，主导产业为水稻种植；其他主要产业为大红桃种植和家禽养殖；同时，花生、芝麻、黄豆、棉花、油菜等也是普遍种植的作物。

农作物主要经营形式为专业种植合作社和私人耕种两种，主要销售方式是对接武汉市各大商超，以及通过帮扶项目销往帮扶单位。

产业用地呈现部分集中但不成规模的特点。村主要劳动力选择外出就业且收入较高。产业链不完整，各产业促进就业较少，出口潜力不大。总体产业发展竞争能力不强。

（2）村民收入及其结构。

2021 年东河村村民人均可支配收入约 14000 元/年，低于湖北省平均水平。经访谈得知，巴石村村民人均收入水平与东河村相近。

村民主要收入来源为经济作物种植和外出务工收入，其中水稻种植收入约 1400 元/年（一亩地约产 1000 斤水稻，每户种植 1～2 亩稻田，东河村大米市场价约 1.4 元/斤），外出务工收入约 50000 元/年。[5]

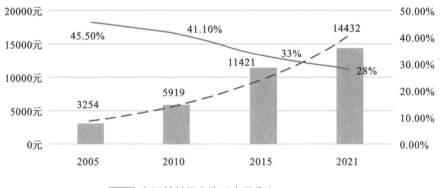

图 2　2005—2021 年东河村村民可支配收入及恩格尔系数变动

（队员自绘）

2）特色农产品种植情况

与东河村其他自然村相同，巴石村主要特色农产品为"黄牛"、"太子稻"和"大红桃"，部分农户或合作社已形成规模养殖和种植，产品经简单加工和包装销往周边各城市商超，或通过帮扶项目销往各单位。

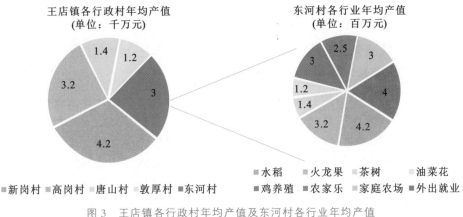

图 3　王店镇各行政村年均产值及东河村各行业年均产值

（队员自绘）

3. 村民交往与社会生活

1）公共活动空间

巴石村村委会处建有村民活动中心、篮球场与休闲座椅。村委会广场是村民们比较固定的休闲娱乐场所。村民们一般在结束一天的劳作后的傍晚散步至村委会广场处休憩、聊天、跳广场舞，有时也有年轻人打篮球。除此之外，巴石村的村民还享有一处天然的"游泳馆"——流经巴石村的濛水在村庄境内形成了一处水质清澈、深度适宜的河滩，村民们往往在河滩中游泳嬉戏。

2）小样本深入调研

（1）村民活动与聚集场所。

根据调研观察与访谈，村民聚集的场所具有自然性、随机性与时效性的特点。自然性是指巴石村村民聚集场所与乡村自然相互融合。如流经巴石村的濛水在村庄境内形成了一处水质清澈、深度适宜的河滩，是村民们常去游泳嬉戏的场所。又如生长在田地农宅之间的大树下，往往成为茶余饭后村民乘凉聊天的去处。随机性是指村组内部村民聚集场所并不固定。村民在从事农活之余，其活动较为自由，喜欢随身携带蒲扇与板凳随机寻找休憩聊天的场所，有时是树下，有时是自家门前，有时是路边屋檐下，有时是熟人的家中。因而从某种程度上来说，在村庄内部的公共活动场所是一种流动的空间，随着村民们活动的轨迹而定。时效性是指村组内村民聚集场所与时间和季节有关。在夏季白天，村民们一般在阴凉处聚集，因而公共活动的空间随着时间及日照角度而迁移。而在冬季白天，根据采访可知，村民聚集地倾向于选择平坦、日照充足且背风之处，如房前庭院与没有树木遮挡的路边。夜晚时的公共活动又受到天气与气流的影响，夏季的夜晚村民往往在空气流动顺畅、多风的场所聚集乘凉。

（2）村民家与公共活动空间的距离。

除了固定的村委会广场外，由于村民的聚集场所具有自然性、随机性、时效性等特点，受访村民往往难以准确丈量自家与自己活动空间的距离，但均以就近活动为主，距离大多在距家 200 米以内。具有晚间散步习惯的村民，其活动轨迹大多在距家 500 米的范围内，且目的地往往是村委会活动广场或朋友家中。因而要营造公共活动空间以丰富村民生活，需要充分尊重村民较为自由的活动习惯，可以对农房围合成的小型空地进行简单的环境改造，在大树周边的平地设置一些休闲座椅等。

（四）东河村村庄节点设计

村庄是一个独立的单元、完整的整体，由若干个要素组成。在对东河村各自然村的自然本底、公服设施、建筑质量评估、社会经济等要素有充分的了解后，队员们着手于村庄布局设计和公共空间改造方案，以实际行动助力东河村乡村振兴和人居环境改善[6]。

□ 1. 巴石潭乡村公共空间改造

1）方案一：焕活绿里、文韵孝传

设计选址：巴石潭位于东河村东南部，东临澴河，北面青山，自然禀赋优越。在调研过程中我们发现，当地村民以老年人为主，公共活动空间与需求不匹配，村民渴望"聚而谈、合围坐"的便民适老活动空间。本方案重点关注村民切实需求，响应国家数字化乡村、新能源车下乡号召，选取两个节点分别进行孝乡里——村民活动中心、孝心里——中心树广场设计。

设计理念：村庄整体规划引入"小组微生"模式。小规模：合理控制新村聚居规模。组团式：合理布局组团位置和间距。微田园：尊重农民生活习惯，自给自足。生态化：注重生态资源的保护。[7]

图 4　巴石潭"小组微生"模式逻辑

（队员自绘）

村庄现状与整治：通过三调数据和实地调研的比对，总结出巴石潭村庄风貌的普遍性问题，并对其进行风貌整体设计和基础设施服务分布设计，成果如下。

表 2　巴石潭村庄整治项目一览表

（队员自绘）

整治类型	整治类别	实施	具体内容
民宅改造	原址保留	15 处	改造建筑立面，规整街道界面，提升人居环境品质
	原址重建	8 处	
	原址修缮	30 处	
	拆除	6 处	
建筑设计	孝乡里——村民活动中心	846.5 平方米	改造原有破败建筑，满足村民活动需求，数字化乡村建设和新能源车下乡
道路整治	乡村道路拓宽	906 平方米	1. 按照 3 米标准宽度，疏通乡村道路 2. 协调为"道路＋晾谷场""道路＋微田园"2 种模式
	乡村道路保留	5789 平方米	

续表

整治类型	整治类别	实施	具体内容
公共空间	孝邻里——孝文化长廊	430平方米	展现新时代村庄孝景,诠释乡村之孝
	孝心里——中心树广场	241平方米	满足村民活动需求,营造村庄记忆点,主打"孝"主题
基础设施	生态停车场	509平方米	1. 根据村庄汽车保有量及自家停车情况,按照实际需求的90%配置停车位 2. 设置5个新能源汽车充电桩,助力新能源汽车下乡
	旱厕改造	5处	1. 将现有10个厕所整合提升为5个现代化公厕 2. 引入循环系统,将污水导入沼气池,参与可循环农业
	地面硬化	道路+屋前水泥地	每户家门前进行80%道路硬化并设置村民家庭车位,同时作为晒谷晾衣场地
	污水管网	连接农户下水道与三格式化粪池	建设新能源乡村,改造原有排污入溇,将生活污水、公厕污水集中排入沼气池,为农户生活提供清洁能源
生态景观	坑塘水域	2325平方米	打造生态水岸湖泊。综合考虑生物多样性等要素,助力绿色乡村建设
	特色景观田	油菜花海	打造孝感"最美油菜花景观区",山景、村庄、稻田巧妙结合,营造出炊烟农忙,近处花香四溢的美好景象
		五彩稻谷	选择当地最具代表的太子稻进行规模化种植,打造本地农产品品牌
防灾工程	防灾护坡	乔灌木生态护坡	打造溇河生态坡岸,自我消解地表径流和洪峰

公共空间节点设计：树是村庄的地标，它冬可挡风，夏可遮阳。在村庄中心设计孝心里——中心树广场，为村民提供可以"聚而谈、合围坐"的公共空间，方便居民生活，解决切实所需。[8]

图 5　孝心里——中心树广场设计平面图

(队员自绘)

建筑设计：设计选择拆除巴石潭东南角的 3 栋破败建筑，打造孝乡里——村民活动中心，根据居民需求设置数字展厅、村民议事厅、棋牌室、阅览室等，建筑面积 846.5 平方米，响应国家数字化乡村、新能源汽车下乡号召。

图 6　孝乡里——村民活动中心剖透视效果图

(队员自绘)

2）方案二：水引研学，绿景田园筑巴石

设计说明：巴石潭位于村庄规划中的澴河生态带上，并处于东河村研学接待的核心区域，村湾临近区域产业以苗木养育、果蔬种植为主。巴石潭公共空间的设计需同时考虑村民与研学游客（学生为主）的需求，并应兼顾澴水河岸生态的保护。

图 7　巴石潭树广场设计平面图
（队员自绘）

公共空间设计如下。

离岸区域：基本满足村内居民对公共空间的需求，具有休憩、观演等功能，设置有标志性的入村广场、可晒谷或承办红白喜事的开阔广场。

沿河区域：以湿地修复为主，将沿河已硬化区域恢复原貌，适当引入步道与滨水平台，响应孝昌县澴河生态修复工程号召。

临河区域：设有生态修复植物展览、儿童乐园、滨河公园三种主题公园，满足中青年休闲散步功能、儿童游玩功能，并为游客提供生态修复知识学习的研学游板块，满足其与自然接触的需求。

□　2. 十里铺乡村公共空间改造

1）设计选址

本设计选址为东河村十里村自然村内的十里铺村湾，十里铺现有 25 户 92 人。村湾内有古驿道文化资源，新中国成立后，驿道废弃，但历届政府兴修水利、垦荒种植，大力发展农业生产。村民辛勤劳作，互帮互助，物质生活逐渐富裕，小村庄亦恢复活力。"仓廪实而知礼节，衣食足而知荣辱。"2019 年，孝昌县委提出开展农村人居环境整治"五清一改"行动，十里铺群众踊跃参与，学磨山比响堂建设示范居民点。为缅怀驿站历史，村民决定建设一座简易茅草亭及牌楼来重塑"古驿十里铺"文化符号，承载乡愁记忆。茅草亭名"思源亭"，取饮水思源心怀感恩之意。希望如今村民在亭下休憩能抚今追昔、鉴往知来，传承和发扬古驿十里铺"包容、互助、勤劳、热情"的精神内涵，共同建设产业兴旺、生态宜居、乡风文明、治理有效、生活富裕的新十里铺。

通过现状调研，对十里铺现状环问题梳理总结如下。

图 8　十里铺现状问题梳理总结

（队员自绘）

（1）古驿道入口处有较大高差，步道较窄，周边杂草丛生、林地抛荒现象严重，不方便通行，空间闲置。

（2）存在危旧违建建筑，村庄人口流失现象严重，村庄活力不足，呈冷清状态，常住人口较少。

（3）居住建筑形态、屋顶颜色各异，村庄建筑面貌较混乱。

（4）宅前屋后存在大量闲置荒废空地，土地资源较零碎，不适宜大规模耕作。机械化水平较低。基础设施落后、缺乏，生产效率较低，产业结构较单一。

2）设计说明

本次设计分析村庄现状，通过发掘十里铺古驿站历史文化资源，以宜人宜居、现代农业为重点，以驿站文化、田园花海为特色。基于"小组微生"理念，从宜居环境整治、驿道景观设计、记忆空间营造三个方面进行规划设计，从自然生态、地域空间、社会人文三个层面进行空间环境优化。[9] 旨在改善人居环境、焕活古驿文化、留住乡愁记忆，将十里铺建设成为宜居乡村人居示范区、十里花海古驿展示区、农旅相融乡村休闲地。

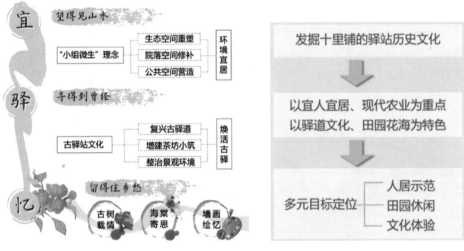

图 9　十里铺设计方案逻辑

（队员自绘）

　　基于村庄环境现存各类问题，对其进行以下 10 个小点的具体整治措施，通过建筑风貌整治、基础设施提升、文化记忆唤醒、景观节点设计 4 个方面的环境整治，由浅入深、层层递进，在满足环境宜居的基础需求后，进一步提升空间环境品质，打造有历史记忆的美丽乡村。[10]

表 3　十里铺村庄整治项目一览表

（队员自绘）

整治类型	措施	具体内容
建筑风貌整治	危旧违建建筑拆除	大小违建建筑拆除五处，其中拆除民居建筑 2 处、简易棚等临时性搭建构筑 3 处
	民居建筑风貌整治	1. 建筑屋顶：拆除屋顶搭建简易棚，加盖坡屋顶，统一屋顶颜色 2. 建筑立面：清洁墙面，粉刷墙面，增加墙面造型，绘制以村史、乡规为主题的墙画，增加墙面装饰 3. 建筑构件：统一木质门窗、装饰风格 4. 附属构筑：增设宅前屋后菜地周边的木栅栏；广场增设晾晒木架，休憩节点增设座椅、树池等

续表

整治类型	措施	具体内容
基础设施提升	车行环境提升	1. 梳理现状路网，连接断头路 2. 拓宽道路红线：主路拓宽至 4～5 米，支路拓宽至 3～4 米 3. 增设 1 处生态集中停车场，按照实际需求的 110% 的标准配备停车位
基础设施提升	人行步道改善	1. 构建"步道—古驿道—村道"一体化的道路，串联公共空间，方便居民生活 2. 地面硬化按照每户家门前进行 80% 道路硬化的标准进行整治
基础设施提升	居民活动广场建设	1. 增设篮球架、羽毛球场、乒乓球台等运动设施，提供锻炼场地 2. 增设带顶棚的座椅、石桌凳，提供交往空间
文化记忆唤醒	古驿道重建	利用闲置荒地重建古驿道，沿路增添景观设施小品
文化记忆唤醒	古驿茶坊建设	传承古驿文化，为村民提供记忆载体及乘凉交往空间
文化记忆唤醒	海棠花林种植	借海棠花寄托乡愁，提升村湾的可记忆性与特色。整治池塘环境，种植海棠花田，构建水上步道，增设凉亭、花间石椅、木质座椅、景观汀步等多类景观小品
景观节点设计	生态游园设计	增设生态游园节点，植入景观铺地、树池，在游园中心种植一棵高大的树，增加村庄记忆点与交往空间
景观节点设计	景观花田设计	利用地形高差，沿古驿道设计多层次的景观花田，选用草地、灌木、乔木等多类植物，形成高低错落、色彩缤纷的景观空间。在花田里植入石桌椅、雕塑、文化展板等景观小品

3) 设计成果

（1）"宜"：宜居环境整治。

为建设宜居家园，对原有的田地、水体等生态资源进行保护，采用适应环境的嵌入式设计，学习成都新农村建设的优秀经验，在环境整治中采用"小组微生"的新模式。

小规模聚居

十里铺共25户，83人，人口现状符合"小规模聚居"，不需进行大规模迁移重建。根据一户一宅的农房建设政策，对建筑进行危旧违建建筑拆除与建筑风貌整治。

组团式布局

以原有村落格局为基础，充分考虑城镇化的人口转移因素，合理考虑农民生产生活半径，充分利用山水林田湖，充分传承历史文化，科学布局聚居点。

为建设宜居家园，对原有的田地、水体等生态资源进行保护，采用适应环境的嵌入式设计，学习成都新农村建设的优秀经验，在环境整治中采用"小组微生"的新模式。

微田园指向

为相对集中的民居，规划出前庭后院，让老百姓种植蔬菜瓜果，形成一个个"小菜园""小果园"。保持房前屋后瓜果梨桃、鸟语花香的田园风光和农村风貌。

生态化建设

利用自然的地形地貌，保护现有自然资源，严格保护农田、林地、水源，保留"乡土味"，充分展现田园风光，体现农村历史文化和生产生活特点。

图 10 十里铺"小组微生"模式逻辑
（队员自绘）

（2）"驿"：驿道景观设计。

在古驿站的原址延续历史文脉，全新设计符合当下人民需求的新驿道，并在驿道周边设计古树游园、海棠古驿、花林茶坊、荷塘月色等景观节点空间，为当地百姓提供休憩锻炼的公共空间，为在外游子营造属于十里铺的乡愁。

（3）"忆"：记忆空间营造。

为乡村留住记忆也是本次设计的一大重点。通过古树载忆、茶坊焕忆、墙画绘忆三个方面的举措展现十里铺作为家乡、驿站的文化记忆及其农耕文明。在为十里铺设计的记忆卷轴上，还有盼归广场、古树游园、古驿花田、竹隐茶坊、荷塘月色、花潭游园等记忆空间，以丰富的空间形态让乡村的记忆不断延续传承。

海案古驿

延续十里铺古驿站的历史文脉重修古驿道，优化铺地及周边的环境、景观。

花林茶坊

村庄已建设茅草亭，空间利用率较高，深受当地村民喜爱，在周边增种海棠林，进一步优化该空间。

荷塘月色

村庄周边散布多个坑塘，水质较好。利用现有资源，设置水面步道、景观凉亭等，提供公共休憩游园。

图 11　十里铺公共空间节点设计效果

（队员自绘）

十里铺曾是重要的历史驿站，人们沿街设茶铺，供往来行人驻足歇息，茶坊记录着曾经的繁荣景象。

古驿花田

古树游园

盼归广场

竹隐茶坊

茶坊焕忆

古树载忆

对于乡村来说，树是重要的记忆载体与精神寄托，人们总会聚在村里最大的那棵大树的树荫下，话家长里短，聊往事从前。
一棵古树，不仅为村民活动提供了空间，更忠实地守望着村落，无言地诉说这个村庄的故事。

墙画是丰富乡村文化的重要表现手段，农民面朝黄土背朝天，依靠辛勤的汗水收获硕果。墙画承载着他们关于黄土的记忆，也教育着子子孙孙：勤恳劳动才会迎来收获。

荷塘月色

花潭游园

墙画绘忆

图 12　十里铺记忆空间节点营造效果

（队员自绘）

4）未来展望

通过以上设计策略，绘制十里铺概念性规划总平面图及预期渲染效果图
如下。

图 13　十里铺概念性规划总平面图及预期渲染效果图

（队员自绘）

□ 3. 土城湾乡村公共空间改造

1）设计理念分析

三生空间，即生产空间、生活空间和生态空间的统称。在乡村振兴战略的
背景下，乡村三生空间的优化应着力塑造集约高效的生产空间、宜居适度的生
活空间和山清水秀的生态空间，在空间优化的过程中，对于居民需求的精准把
握，是因地制宜的重要前提。生产空间要维持原有的劳作习惯，提质增效，推
动机械化以及新兴产业的入驻；生活空间要满足居民对于日常出行、娱乐、交
往、服务等方面的需求；生态空间则要发挥生态的涵养功能，为居民提供安
全、宜人的居住环境。[11]

2）村湾现状分析

三生空间与村民的日常生活息息相关，选此进行改造，具有一定的代表
性。目前村湾内用地主要为居住用地，外围分布着大片农田以及少量水域。村
湾内房屋根据建造时间与质量分为新建、老旧、搬迁、新旧混合四种，对于较

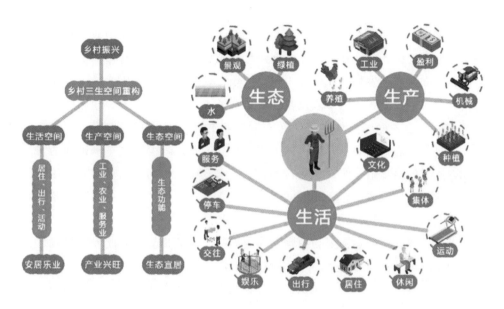

图 14　土城湾"三生"空间营造逻辑

(队员自绘)

老旧破败的房屋，按照居民的生活习惯，进行重新设计建造，同时统一全村的房屋外立面，统一风貌。村湾内目前道路较为狭窄，不利于车辆进入，且部分房屋建造时将道路阻断，导致通达性受到影响。村湾内部的破败建筑以及荒废房屋较多，空地并未得到很好的利用，土地浪费现象严重。

村域规划结构图

房屋类别分类图

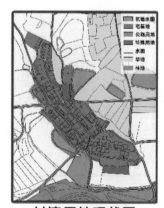

村湾用地现状图

图 15　土城湾村域规划结构及房屋类别分类图

(队员自绘)

3）设计理念

根据现状用地分布图，整合组织三生空间，以村湾内部为中心，呈圈层状分布，在北部较大的空地上建立农副产品加工厂，带动村湾就业，提高村民经济收入，促进产业发展。厂区位于村湾边缘，减少对于日常生活的干扰。整个村湾分布有三个重要生活节点以及五个景观节点，与村湾大致走向相吻合，形成"三轴八心"总体规划格局。在交通系统方面，加宽原有道路，打通断头路，满足车辆通行需要。厂区向外道路为独立道路，减少大型车辆带来的安全隐患，同时新增步道系统，优化村湾景观，丰富村民生活。除了对居民楼进行改造，村湾内也设置了生活相关的服务性建筑，并根据"厕所革命"的政策要求，零星布置了公厕，满足村民以及外来人员的需要。乡村对于公共空间的使用具有自发性，以满足需要为原则而不会局限于现有格局。因此除了景观性休闲空间，开敞性的生活空间也具有高度的实用性，可以满足居民日常娱乐健身、公共庆祝祭祀、节假日车辆停放、农忙季节劳作等多方面需求。利用宅前空地，增加道路安全缓冲空间，满足生活空间需求，美化居住环境。

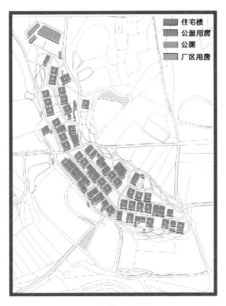

房屋功能分析图

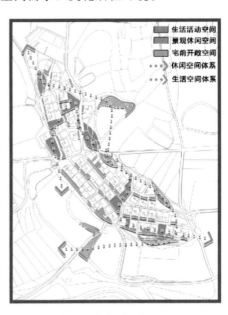

公共空间组织图

图 16 土城湾房屋功能分析图及公共空间组织图

（队员自绘）

4）房屋改造

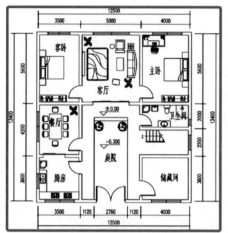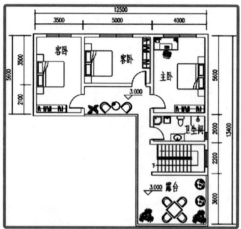

一层平面图 1：200 　　　二层平面图 1：200

图 17　土城湾民居改造平面图（左为一层，右为二层）

（队员自绘）

□ 4. 冷家畈公共空间改造

1）设计选址

本次黄城村村湾节点设计的选址为上黄城村口处，该场地现状要素丰富，有水塘和带高差的台地广场，同时地理位置优越，处在上黄城中心位置，村民抵达便利，可达性强，是极佳的村民公共活动空间的设计基地。

图 18　冷家畈现状航拍图

（调研自摄）

2）设计说明

设计充分挖掘村庄自然山水特色，以人为本，塑造独具特色的山水村庄中心公共活动空间。在公共空间营造上，优化现有空间，整合碎片空间，完善公共服务设施，提升空间活力，提高村民生活质量。规划结构上形成一心四轴多点的规划结构，功能分区上主要分为绿化功能区，农业生产区，硬质铺地休闲区。同时注重公共空间与山水自然的对话，塑造看得见山望得见水留得住乡愁的村庄山水中心公共活动空间。

3）设计成果

冷家畈设计方案鸟瞰图如下。

图 19   冷家畈设计方案鸟瞰图

（队员自绘）

4）未来展望

本设计在场地现状基础上增设了篮球场与村民活动中心，建成后预计成为上黄城主要的村民公共活动空间，容纳村民多种活动行为需求。同时将现有水塘进行生态修复与景观活化，从而改善生态环境，提升场地活力。将农田景观与观景平台相结合，既满足休憩娱乐功能，也吸引游客观光游览。但由于场地高差，本设计打造了台阶与架空廊道，可能会对村内老年人活动造成一些影响，且篮球场与村民活动中心的建设需要资金，后续设计需要做好落实工作。

四、总结

从乡村发展本质来看，乡村是具有自然、社会、经济特征的地域综合体，兼具生产、生活、生态、文化等多重功能，与城镇互促互进、共生共存，共同构成人类活动的主要空间。乡村发展，规划先行。在推进落实乡村振兴战略过程中，需要在充分认识村庄的基础之上创新思维，为后续乡村发展积累真实有效的乡村本底信息、提供切实落地的发展建议和设计方案。

从乡村资源条件来看，东河村是中国广大普通乡村的典型代表。以农作物种植为主要产业，乡村生活依旧保持较为原始的耕作作息。因此，做好此类型的乡村规划对中国的乡村振兴成果的巩固和提升有着重要的意义。以东河村为例的普通乡村切不可照搬经济资源发达地区的村庄振兴发展模式，必须结合自身本底条件，个性化制定村庄发展规划。

从村庄规划建议来看，本实践团队本着为乡村负责、为人民负责的态度，在东河村识别乡村本底，挖掘地区潜力，激发自身优势，结合不同地理特征导入不同产业，提出具有特色的空间格局、村居风貌和村庄环境营造策略，并将建筑赋予具有自身特色的乡村符号，为村庄设计了民居改造方案和产业发展建议。

从社会调查实践来看，本次建规学院党员先锋服务队暨大学生志愿者暑期文化科技卫生"三下乡"社会实践活动，以"青春向党践行习总书记嘱托，设计下乡助力乡村振兴建设"为实践主题。在前期筹划过程中，本实践团队与指导老师就实践主题、目的和意义，以及调查方法、问卷制作等，从多角度开展了多轮讨论，并融合了切实服务、实践教育、思政教育、社会服务、专业认知、个人成长等多个实践目标。在实践过程中，时间紧，任务重，团队成员在一周时间里既开展了统一的下乡调研、露天电影等集体性活动，又分组开展了村庄土地利用踏勘、村民村居建筑质量评估、采访韵鹤生态园经理、发放调查问卷、绘制规划成果等个人和小组性工作。实践队员白天分头行动，晚上集中研讨，高效出色地完成了各项调研任务。

从大学实践教育来看，经过本次实践活动，实践队员们在家国情怀、社会责任方面都有了信念上的提升。社会实践是当代大学生观察国情、社情、民情的有效窗口，能够帮助学生在社会课堂中受教育、长才干。亲身体验过农民的生活才知道农民真正需要什么，在田野里洒下汗水才能够将设计扎根在乡村。实践队员们在乡村调研中坚定国家信念，让青春在祖国最需要的地方绽放。

参考文献

［1］刘彦随．中国新时代城乡融合与乡村振兴［J］．地理学报，2018，73（4）：637-650．

［2］涂圣伟．脱贫攻坚与乡村振兴有机衔接：目标导向、重点领域与关键举措［J］．中国农村经济，2020，428（8）：2-12．

［3］豆书龙，叶敬忠．乡村振兴与脱贫攻坚的有机衔接及其机制构建［J］．改革，2019，299（1）：19-29．

［4］吴理财，解胜利．文化治理视角下的乡村文化振兴：价值耦合与体系建构［J］．华中农业大学学报（社会科学版），2019，139（1）：16-23，162-163．

［5］杨华．中国农村"中等收入线"研究——以湖北孝昌县农村调查为例［J］．中南大学学报（社会科学版），2020，26（4）：159-171．

［6］陈金泉，谢衍忆，蒋小刚．乡村公共空间的社会学意义及规划设计［J］．江西理工大学学报，2007（2）：74-77．

［7］黄晓兰．以"小组微生"模式促进新农村建设——成都市的探索与实践［J］．中国土地，2017（1）：43-45．

［8］韦晓娟，施林坡，严玲．乡村振兴视域下的美丽乡村公共空间设计［J］．工业建筑，2021，51（10）：244．

［9］姚树荣，余澳．村庄整治中的"小组微生"模式研究［J］．安徽农业科学，2018，46（1）：218-220，231．

［10］刘东峰．乡村振兴战略视域下传统村落内生动力的激活——基于记忆空间设计的视角［J］．山东大学学报（哲学社会科学版），2019，236（5）：127-134．

［11］梁俊峰，王波．"三生"视角下的乡村景观规划设计方法［J］．安徽农业科学，2020，48（21）：223-226．

附 录

（一）巴石村

访谈时间	2022.7.14 上午 10：00	访谈地点	孝昌县东河村巴石村
被访谈人	王大婶	职业	超市店主
年龄	54 岁	性别	女

问题 1：家庭成员构成？

家庭人口总数 3 人，其中劳动力 1 人，老人 1 人（85 岁）。

问题 2：农业生产情况？

家中自有耕地 2.5 亩，全部转租给他人，种植油菜、稻谷，收取部分农作物作为口粮，不收租金。流转土地收入为 0。

问题 3：医疗服务情况？

村卫生室基本都有医生在，但不会去村卫生室看病打针，一般会骑电瓶车半小时去县里看病打针。

问题4：收入补贴情况？

没有新农合，没有低保补贴，超市没什么收入，生活比较贫困。

问题5：人居情况？

没有自建房，租用目前的超市用房，一家人吃睡都在超市背后的房间里，一年租金4000元。

问题6：宽带通信情况？

答：会用智能机，偶尔跟女儿打智能电话。会网购进货，但在女儿的帮助下完成。

问题7：娱乐情况？

白天需要守店，有熟人来店里坐坐唠嗑。晚上吃完饭去村里广场跳广场舞。

问题8：对迁村并点的看法？

能有新房子住很好，但是不可能实现。

（二）十里村

访谈时间	2022年7月14日	访谈地点	孝昌县十里村冷家畈李大爷家
被访谈人	李大爷	被访谈人职业	农民
年龄	67	民族	汉族
性别	男	类别	普通村民

问题 1：您现在的耕地是流转还是在耕种？

答：现在我家有 1.5 亩地流转了，租给本村的养殖户，我们也老了，地在手里搞不了大动作，还不如租出去。还剩下 1 亩旱地，我和我老伴还在耕种，种点棉花、蔬菜什么的。蔬菜留着平时自己吃，棉花散卖给村里的人，有时候村里人结婚什么的需要棉花打棉被，我就卖给他们。

问题 2：您家两孙子在哪上学？学校质量怎么样？

答：大孙子在孝昌县一中，平时就住学校里，偶尔去他姑妈家住。小孙子在新西小学，每天他爸妈接送他上下学。他俩读的学校我还是挺满意的，特别是孝昌一中，是我们县的重点高中；新西小学是我们县 2020 年新办的一个学校，还是比较规范的。

问题 3：您觉得村里卫生室条件怎么样？

答：之前村里有卫生室，条件一般，现在把十里、黄城、巴石合并成东河村之后，卫生室就搬到东河村村委会那边去了。卫生室里就是原来的那个"赤脚医生"，医疗卫生条件比原来好点，但还是希望能再改进点。我们农村老人多，还是希望卫生条件能够更好，特别是医疗卫生环境。

问题 4：您是否会经常到村里的广场进行聊天、活动？

答：这么说吧，一年有 365 天，我有 300 天会到村委会前那个小广场活动，我去那打篮球、打乒乓球、散步聊天什么的，女的就在那跳广场舞。旁边还有健身器材，我每天晚上都去搞搞，早上一般不搞，因为我们村里人习惯早上起床吃完早餐后，去田里干活。夏天晚上一般 6 点半到 9 点，很多人在那活动，有在那聊天的，女的跳舞，老头在那打球甩腿，冬天就是 5 点半到 8 点。

问题 5：您觉得现在住的房子质量怎么样？

答：我这个房子原来是土坯房，条件差，下雨还漏水，2000 年重新改建的，贴了瓷砖，也没那么潮了。这房子毕竟是我自己建起来的，我觉得还是挺满意的，可能其他人看起来一般，但是我觉得还是挺好的！

问题 6：您认为村里的公共厕所有哪些方面需要改进？

答：厕所建的数量还比较合适，是经过考虑的，只是现在留村的人少了，看起来厕所使用程度不高，到年底了回来人多了，厕所也够用。人多了厕所也不会太脏，有专门的人负责管理。我也经常去用公厕，因为我家地形问题，排水不太行，晚上也去用公厕，而且现在道路都硬化了，晚上去也方便。

问题7：您觉得现在村庄合并管理对您有什么影响？

答：我觉得没什么影响，就我看来，每个小村有什么小问题，其实还是村内自己解决，而且现在社会也比较和谐，基本没什么大问题，所以也不会有领导下来。现在好多了，现在民心顺。

问题8：现在家里可以上网吗？

答：可以啊，有路由器，还有摄像头，是装宽带的时候人家说免费给装的，我就装了。通过这个摄像头，我儿子在外面想看一看我们，就可以用摄像头直接看，了解我们这些老人的状况。

问题9：如果您想网购的话，村里有快递点吗？

答：村里没有快递点，拿快递的话要去王店镇或者小河镇。不过我也不会网购，一般都是儿子儿媳在网上买东西，然后开车送回来。

问题10：您平时看新闻更多是通过电视还是手机？

答：我每天都在手机上看新闻，最新的新闻都是在手机上看的，浏览器、新闻头条，还有腾讯新闻，我每天都看。微信里也有新闻，但是我不咋用，年龄大了，怕被套入什么陷阱，被诈骗什么的，我儿子也经常提醒我。

（三）黄城村

访谈时间	2022 年 7 月 14 日，下午 4：30	访谈地点	黄城村下黄城
被访谈人	王奶奶	被访谈人职业	农民
年龄	77	类别	普通村民

问题 1：(指旁边的闲置房屋) 这房子看起来挺破的，有人住吗？

答：这户都没人住，他们在孝感，很少回来。

问题 2：您平时如果身体不舒服，一般选择去哪里看病？

答：这附近有个小诊所，但医生年纪也很大了，七十多岁，生病了有时候去那里看，看不了再考虑去县城看。

问题 3：您平时活动场所在哪里？

答：我很少有休闲娱乐，这里北边有个广场，那边有个健身器材，一般会有村民在那里散步之类的。

问题 4：您是从小就住在这里吗？

答：我小时候住在戴家湾，娘家在那里，以前读过高小，所以你这问卷上的字我都认识哩。

问题 5：您现在有什么工作吗？

答：没什么工作，我就自己种了块小菜地，也不指望卖钱，就平时打发打发时间，自己也七十多岁了，种不动地了，儿子也不让我种地，平时都给我打生活费。

问题 6：您家里的情况听起来比较困难，您有申请贫困户吗？

答：有申请过，但没有申请成功。我儿媳妇有心脏病，不能干活，一年到头还得吃很贵的药，我是希望能够给我们医保一些补贴。村委会有时候来看我，我说我不需要你们照顾哩，我就希望儿子儿媳能够过得好一点。

问题 7：您有考虑去城里住吗？

答：我儿子也要我去孝昌城里住，可是我觉得我年纪大了，儿子工作压力也大，干吗去城里麻烦儿子呢？我在这里生活也方便，种点小菜，也可以自己照顾自己挺好的，免得打扰儿子。

社会实践团队名称：

华中科技大学建筑与城市规划学院赴孝昌县东河村党员先锋服务队

指导教师：

何立群副书记、耿虹教授、乔晶讲师、乔杰讲师、赵爽辅导员

团队成员：

尹竣丰、秦源、韦佳璇、杨欣琦、熊洋、黄心怡、何易、马佳彬、黄佳磊、王熙、范在予、刘思杰

报告执笔人：

尹竣丰、秦源、韦佳璇、杨欣琦、熊洋

指导教师评语：

党的二十大提出"全面推进乡村振兴"，强调"建设宜居宜业和美乡村"。这是新时代乡村发展的主要战略目标。作为我校对口帮扶点，我们建规学院师生团队曾多次前往孝昌东河村进行脱贫后乡村振兴的深度调查，聚焦脱贫后乡村在空间、产业、社会等多方面的变化特征，思考其能否从行政主导的帮扶力量下走向以内生动力为主的乡村振兴阶段。规划专业的学生，需要充分认知乡村发展的各类资源，分析其发展中的问题，运用专业所学，统筹谋划乡村资源的空间配置，优化乡村人居环境建设质量，并通过规划的语言与图纸将其呈现出来。同学们完成的调研报告，不仅充分挖掘了东河村本地特色，更运用自己的专业知识，对乡村公共空间进行了详细设计，将自己对乡村的体会与感悟映射到了乡村大地上。在调研中，同学们也充分感受到乡村振兴的工作是由每一个个体推动的，不论是对口帮扶的驻地干部、扎根基层的村委干部还是返乡创业的青年能人，都在更加立体地向同学们展示乡村振兴的战略并不是简单的物质空间优化，更是社会的温度。希望同学们通过这次调研，能够充分认识到其作为新时代青年在乡村振兴与实现中国式现代化中的责任和使命，学以致用。

网红经济视角下偏远山区乡村发展路径研究
——以云南省临沧市马台乡萝卜山村为例

摘　要

　　如何突破偏远山区因地理位置较差引起的乡村发展困境，是乡村振兴的一大难题。本研究以云南省临沧市马台乡萝卜山村为实践案例点，运用实地访谈法、问卷调查法、资料分析法等方式，深入田野开展实地调研，提出偏远山区乡村发展对策，响应国家持续帮扶战略，解决贫困地区乡村发展问题。在传统互联网模式下偏远山区乡村发展困境剖析的基础上，探讨针对网红经济视角下乡村发展面临的资源丰富但缺少整合利用、网红农家乐发展规模不足、村庄旅游定位不明显、村庄特色不明确等问题，提出在规划上采取：① 通过打造乡村特色"视觉景观"，营造对外宣传窗口；② 利用网红经济的人群叠加效应吸引人群"入乡"；③ 通过网红经济"以点带面"的波及效应拓展其他业态；④ 提升乡村环境品质，增强"网红村"自身底蕴等四种策略，解决了偏远山区因为地理位置较差发展受阻的问题，打破了"要想富，先修路"的传统乡村发展模式，以期为萝卜山村发展提供新思路。

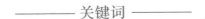

关键词

网红经济、偏远山区、乡村振兴、萝卜山村

┃ 一、问题的提出

（一）研究背景

　　截至 2020 年底，当前标准下的 9899 万农村贫困人口全部脱贫，832 个贫困县全部摘帽,中国农村的整体贫困得到解决。全面脱贫任务的如期完成,标志着我国贫困地区乡村正式进入脱贫攻坚向乡村振兴的时代转轨发展阶段,开创了中国社会经济发展的新局面。如何巩固拓展"精准扶贫"成果、接续推进"乡村振兴"工作,推动脱贫乡村社会经济发展与物质环境建设的跃迁,成为"后扶贫时代"脱贫乡村发展面临的重要议题。

目前脱贫攻坚战已取得全面胜利,我们仍需要关注脱贫地区的乡村发展。现阶段此类农村地区的经济发展动力、产业发展模式等与现阶段乡村振兴的要求仍有较大差距,存在资源丰富但缺乏有效整合、定位不明对游客吸引力较弱、人居环境有所改善但特色不明显等问题。

2021年6月1日起实施的《中华人民共和国乡村振兴促进法》,明确"全面实施乡村振兴战略,开展促进乡村产业振兴、人才振兴、文化振兴、生态振兴、组织振兴,推进城乡融合发展等活动"。因此,华中科技大学建筑与城市规划学院耿虹教授团队在学校的引领下,充分调动自身优质资源,深入调研乡村振兴下贫困乡村发展模式与转型路径,进而为深入推进乡村振兴提供相关启示。

(二)研究意义

□ 1. 2023年中央一号文件对乡村振兴的要求

《中共中央 国务院关于做好2023年全面推进乡村振兴重点工作的意见》指出,培育乡村新产业新业态,实施文化产业赋能乡村振兴计划。实施乡村休闲旅游精品工程,推动乡村民宿提质升级。同时,加强村庄规划建设,立足乡土特征、地域特点和民族特色提升村庄风貌,防止大拆大建、盲目建牌楼亭廊"堆盆景"。偏远山区乡村人口密度小,植被茂密,山清水秀,环境优美,生态条件优越,特色鲜明。由于其远离城市,存在交通不便,信息闭塞,村域经济发展缓慢,农民人均收入较低,贫困村占比大等问题。[1] 如何突破乡村依靠公路发展的模式,解决偏远山区乡村"酒香也怕巷子深"的问题,是本文所要研究的重点。

□ 2. 网红经济对偏远山区乡村发展的意义

当前,消费社会与信息社会的同时到来催生出一个全新的时代——视觉消费时代。符号价值成为使用价值的代用品，商品越来越依赖视觉因素。[1] 随着网红经济的崛起，这个曾经在社会边缘的现象已成为社会热议的焦点，随之而来的网红经济也有着巨大的市场前景。[1] 网红经济作为依附于互联网技术的新兴产业，具有低耗能、低污染的特点。相较于传统的互联网产业，网红经济以红人的眼光为主导，进行选款和视觉推广。有别于传统的营销模式，粉丝更看重网红的个人魅力，网红与粉丝之间进行的是人与人之间的联系，这种基于交互的涟漪效应在传统营销上难以发生。因此，网红经济具有传统互联网营销模式所不具有的用户黏性和精准营销。网红既能作为品牌传播的杠杆，实现品牌的溢价，又能深度挖掘客户需求，赋予营销新的价值。

网红经济的发展在城市中比较普遍，由于城市中聚集着大量具有消费能力的人群，加上城市对于周边乡村的吸引力，其快速、具有时效性的优点得到很大发挥。近年来，一些独特的城市建筑、活动、电影场景甚至一首歌都可能引起人们广泛的关注，在网络媒介平台上广为传播，城市当拥有了关注度与话题度后，可以迅速引爆旅游市场，通过个人魅力塑造品牌形象，运用"短视频＋直播＋电商＋广告"的新模式吸引大量游客。网红经济在城市的成功，必然会给乡村提供借鉴作用。[1]

（三）研究现状

目前，国内对"网红村"的研究较少，大多数村落发展研究是以互联网为平台发展乡村旅游和完善农产品物流体系，同质化严重，难以给乡村带来长期的、具有较大规模的经济效益。袁泽平、潘兵通过对三个"网红村"的产业特征及其运行机制的深刻剖析，对"网红村"的可持续发展路径进行了探究，为全国乡村地区的产业振兴提供一种新的发展思路。[2] 朱旭佳引入了景观社会批判理论中的视觉景观概念，并借鉴新制度主义的分析方法，建构了一个理解和阐释"网红村"形成机制的理论框架。[3] 袁家村通过以"民俗文化"为依托，以"集群式"为发展方向，以"利益共享"为原则，以"推陈出新"为方略，成为陕西省乃至全国较受欢迎的乡村旅游胜地之一。[4] 这些研究涵盖"网红村"的发展动因、运行机制和常见模式等方面，但是研究对象普遍是经济发达地区的乡村，缺少对偏远山区乡村的研究。偏远山区乡村由于交通问题往往更需要利用网红经济打响自身知名度，因此本文的研究填补了针对研究对象的不足。

本文在既有研究的基础上，以云南省临沧市马台乡萝卜山村为研究对象，通过深入村庄勘察现状，找准村庄特色，结合前期的调研资料，提出网红经济下该地区的特征和发展模式，探索偏远地区乡村振兴的新模式。

▎二、社会实践田野点介绍

（一）实践案例点概况

□ 1. 临沧市临翔区概况

临沧市位于云南省的西南部，东部与普洱市相连，西部与保山市相邻，北部与大理白族自治州相接，南部与缅甸接壤。地势中间高、四周低，并由东北向西南逐渐倾斜。临沧是"南方丝绸之路""西南丝茶古道"上的重要节点，是云南省"五出境"通道之一，是连接南北、贯通东西之地。在建设"一带一路""孟中印缅经济走廊""面向南亚东南亚辐射中心"，以及推进沿边开发开放中具有无可替代的区位优势。截至 2022 年，临沧市辖 1 区 7 县（临翔区、云县、凤庆县、永德县、镇康县、耿马傣族佤族自治县、沧源佤族自治县、双江拉祜族佤族布朗族傣族自治县），77 个乡（镇），945 个行政村（社区）。

临翔区是云南省"五出境"通道的重要节点，是临沧的主城区。临翔少数民族众多，民族风情浓郁，有傣族、彝族、拉祜族等 23 个少数民族，有世居民族 11 个，素有"中国象脚鼓文化之乡""中国碗窑土陶文化之乡"的美誉。同时，临翔区是滇西南生物多样性重点保护区，全区森林覆盖率达 76.3%。临翔境内有澜沧江和怒江两大水系，径流面积覆盖全区。水资源总量 22.84 亿立方米，是全市重要的水电能源基地。风能、太阳能、生物质能蕴藏丰富，开发潜力较大。临翔区是云南高原特色农业产业重要基地，已累计建成高原特色农业产业基地 230 万亩，茶叶、核桃、坚果、咖啡、烤烟、甘蔗等种植规模和产量位列全市前茅，是全国重点产茶县。

□ **2. 临翔区萝卜山村概况**

萝卜山自然村位于马台乡西北部、全河村上片，西临凤翔街道，北接那杏村，南临清河村，距乡政府驻地28公里，距村委会驻地约15公里，资源丰富但地处偏远山区。村寨总体发展规模较小，劳动力流失情况严重，人均可支配收入水平中等。产业发展方面，农业种养殖小规模化，农产品粗加工基础薄弱，农家乐经济初现萌芽。设施配套方面，村寨内部基础生活设施实现全覆盖。村落格局现状特征方面，村寨总体规模较小，通村道路北接东环旅游线，东连萝卜山下寨。村庄总体格局呈簇团形，村庄内部空间富有层次变化。

萝卜山村产业发展规模较小，劳动力流失情况严重，人均可支配收入水平中等。目前萝卜山村的第一产业发展状况为：农业种养殖品种丰富，各类畜禽、粮食及经济作物种类丰富，种养殖规模逐渐扩大，呈现小规模化特征。第二产业发展状况为：农产品加工业基础十分薄弱，目前村内仅有一户家庭纯手工酿酒作坊，位于上萝卜山，年产量3吨~4吨；第三产业发展状况为：村内商业服务业态较少，仅有三家小卖部；现有在营农家乐两户（青松庄园、萝卜山欢乐农庄），经营收入达40万元/年·户，村民经营意愿较强，农家乐经济已经逐渐萌芽，呈良好发展态势。

表1 萝卜山村社会经济发展现状

项目	面积（平方千米）	户籍数（户）	人口（人）	劳动力（人）	外出务工（人）	人均收入（元）	产业	
							类型和规模	收入（元）
萝卜山上寨	4.35	39	172	120	42	5200	茶叶243余亩	45万
							核桃1693余亩	55万
							玉米150余亩	18万
							肉牛50头	15万
							山羊280只	30万
							生猪260头	26万

续表

项目	面积（平方千米）	户籍数（户）	人口（人）	劳动力（人）	外出务工（人）	人均收入（元）	产业	
							类型和规模	收入（元）
萝卜山下寨	4.71	92	387	239	100	6500	茶叶 325 余亩	60 万
							核桃 1497 余亩	50 万
							玉米 180 余亩	20 万
							樱桃 100 亩	—
							蓝莓 20 亩	—
							肉牛 60 头	19 万
							山羊 310 只	32 万
							生猪 320 头	30 万
合计	9.06	131	559	359	142	—	—	400 万

（来源：团队整理）

（二）调研方法

□ 1. 实地观察法

采用实地观察法开展村庄调研工作。近年来，萝卜山村的基础设施建设、公共服务设施建设等日益完善，但这些改变不是一蹴而就的，而是一点一滴逐渐积累起来的。实地观察的主要目的就是对这些细微的量变做进一步探查与分析，从中找到产业振兴的秘密和目前尚存在的困境。实践团队通过实地观察可以获取大量有关村庄发展的信息，掌握当地的整体情况，进而明确需要实地观察和后期研究深入探讨的具体方面，并在接下来的实地调研中对采访细节做进一步判断与补充。

□ 2. 关键知情人深度访谈法

实践团队通过对主要参与治理人群进行深入访谈来挖掘所需要的内容。主要访谈对象包括镇主要干部、村两委主要干部、村寨头人、驻村第一书记及驻村工作队成员、新乡贤等，针对萝卜山村产业发展的关键影响因素进行深度访谈，全面了解萝卜山村产业发展的现状、问题、可能的发展思路。通过与当地村干部和村民面对面访谈获取主要调研信息，了解自精准扶贫政策实施以来当地产业发展所获得的成果以及仍然存在的各种问题。访谈调查法具有准确性和灵活性：一方面，访谈者可能事先对访谈问题考虑得不够全面，但可以在访谈中根据访谈效果对内容进行适当的修改与补充，以确保调研信息的准确和完整；另一方面，在面对面访谈时，访谈者通过观察被访谈者的动作、神态等细节，可以获得更为真实的背景信息，从而做出更加灵活的判断与分析，这对于提升本次调研结果的参考价值具有重要意义。

3. 问卷调查法

根据调研需要收集的数据制作调查问卷，合理地拟定相关问题，并对受众群体进行发放，将制作的问卷分为村干问卷、村民问卷两个部分进行。问卷问题主要涉及现有资源、村庄建设、人居环境、基本情况、产业发展等方面。通过问卷所收集的数据分析各相关群体的诉求，为之后萝卜山村产业发展策略的提出奠定基础。

4. 资料分析法

资料分析法分为以下三个阶段。

（1）前期准备：线上查阅实践地点的基本情况，通过微信公众号、政府文件、网络搜索等方式，对村庄产业发展现状进行初步整理分析。

（2）实践过程：从当地村委会、扶贫办等机构获取扶贫工作相关资料，包括部分汇报文件、规划文件、统计报表等，从村民处得到访谈记录，并及时利用这些资料对实践结果进行分析。

（3）后期资料整理回顾与讨论所有调研资料，对相关问题与解决思路进行系统思考与分析。

三、社会实践发现

（一）传统互联网模式下偏远山区乡村发展困境

1. 乡村特色不鲜明导致网络热度不高

自然风貌、历史文化、名人效应、特色产业等都是提升乡村网络热度的重要因素，这些因素作为提升乡村影响力的重要手段，在很多乡村中都有体现。如以江南水乡风貌为特点的周庄、以徽州文化而闻名的西递宏村、以名人张培刚带动的陈家田村、以陶瓷产业举世闻名的景德镇。通过互联网平台，一些独特的城市建筑、活动、电影场景甚至是一首歌都可能引起人们的广泛关注，在网络媒介平台上广为传播，使得城市成为网红，当拥有了关注度与话题度后，迅速引爆旅游市场，带来大量游客。[5] 偏远山区乡村特色虽然明显，但缺乏系统的规划，无法突出乡村的特色，难以在短时间内通过互联网给外界留下深刻印象。

▫ 2. 交通不便导致游客"入乡"难

偏远山区乡村由于远离城市，交通可达性比沿海村落差，交通不便成为阻拦游客"入乡"的重要因素。因此"要想富，先修路"的思路阻碍着偏远地区乡村发展的步伐。传统依托互联网的乡村旅游在一般情况下由于缺少网红效应的强有力带动，吸引力不足，游客往往"望路兴叹"，"入乡"热情不高，这种发展模式并没有完全突破地域的限制。

▫ 3. 产品受限于几种特色产业，难以带动乡村多元产业发展

传统互联网经济因趋于成熟的商业模式而站在风口，广受资本追捧，产业规模快速增长，产业体系日益完备，发展势头锐不可当。[6] 但是由于缺少网红或者乡村能人对粉丝进行合理的引导和宣传，只有部分特色产业为人所知，难以产生产业联动效应，不利于带动乡村多种产业的共同发展。

▫ 4. 缺少持续稳定的发展动力，网络热度持续性不强

在传统互联网模式下，特色强、经济基础好的乡村在短时间内可以凭借网络的高效、快速、便捷等特点积累大量人气。偏远地区的乡村由于缺乏完善的产业支撑，乡村特色不够鲜明，与外界交流不畅，难以顺应外界潮流的发展。此外，村民的知识技能素质普遍不高，内容缺乏创新。

（二）网红经济视角下的萝卜山村产业问题

□ 1. 村庄各类资源丰富，缺乏有效整合利用

萝卜山村地处偏远山区，自然资源十分丰富，古树成群、六畜兴旺、鲜花盛开、果物缤纷。上下两寨风情各异，上寨风貌步移景异、宛若迷宫，一路穿村过，形似小萝卜；下寨，古寨风情、山地人居，深肚窄口瓶，状似萝卜。人文资源方面，民风朴素、乡情浓郁，有各类较为出色的"乡村能人"，如创办青松家园的网红青松哥，能工巧匠园艺师傅李朝富和积极的"农家乐"志愿者。盆栽特色也是村中较有特色的景观，家家户户门口都摆放着各式各样的盆栽艺术品，许多村民是盆栽艺术能手。整个村庄资源丰富，视觉景观层次多样，但是没有系统提炼特点，因此具有很大提升空间。

 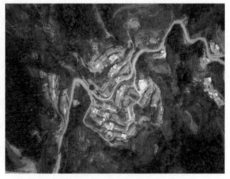

图 1　萝卜山村上寨俯视图　　　　　　　图 2　萝卜山村下寨俯视图

（图片来源：团队自摄）　　　　　　　　（图片来源：团队自摄）

□ 2. 网红农家乐发展仍处于初级水平

萝卜山村村内商业服务业态较少，仅有三家小卖部；现已经营的农家乐仅有两户——青松庄园、萝卜山欢乐农庄，每户每年经营收入达 40 万元。村民经营意愿较强，农家乐经济已经逐渐萌芽，呈良好发展态势。很多村民都有发展农家乐、民宿等设施的意愿，调查发现萝卜山村上寨有 4 户有意向改造为农家乐的住户，萝卜山村下寨有 6 户居民有改造意愿（农家乐 5 户，民宿 1 户）。在产业发展方面，农业种植小规模化，农产品粗加工基础薄弱，目前村内仅有

一户家庭纯手工酿酒作坊,位于萝卜山上,年产量为 3 吨～4 吨,萝卜山村饮食服务业仍处于初级水平。

表 2 萝卜山村上寨有意向改造房屋住户信息

编号	户主	建筑面积 (平方米)	改造意向	目前功能	结构	层数	备注
①	谢××	558.33	农家乐	主房+ 生活性用房+ 牲畜用房	砖混+ 砖木+ 木构	1F	
②	梁××	163.35	农家乐	主房+ 生活性用房+ 牲畜用房	砖混+ 砖木+ 钢架	1F+2F	柴房 兼猪圈
③	李××	290.04	农家乐	牲畜用房+主房	砖混+ 砖木+ 木构	1F	主房 兼厨房
④	黄××	252.91	农家乐	主房+ 生活性用房+ 牲畜用房	砖木+ 木构	1F	

(来源:团队整理)

表 3 萝卜山村下寨有意向改造房屋住户信息

编号	户主	建筑面积 (平方米)	改造意向	目前功能	结构	层数	备注
①	段××	223.46	农家乐	生活性用房	砖木	1F	青松庄园 四合院
②	段××	114.68	农家乐	主房+牲畜用房	砖混+ 木构	1F	修缮加固
③	李××	131.92	农家乐	生活性用房+主房	砖混+ 砖木	1F	主房需要 修缮加固

续表

编号	户主	建筑面积 （平方米）	改造意向	目前功能	结构	层数	备注
④	段××	576.68	农家乐	主房＋牲畜用房＋ 生产性用房＋ 生活性用房	砖混＋ 砖木＋ 木构	1F	
⑤	段××	164.9	农家乐	主房＋ 牲畜用房＋ 生活性用房	砖混＋ 砖木＋ 木构	2.5F＋ 1F	原主房
⑥	段××	277.27	民宿	牲畜用房＋ 生活性用房	砖木	1F	

（来源：团队整理）

3. 村庄旅游业定位不明显，对游客吸引力较弱

萝卜山村位于临沧市滇西南生态养生旅游圈内，临沧市旅游圈是国际知名养生旅游目的地，是旅居养生、生态养生、休闲养生、文化养心、运动康体的场所。这片区域缺少亲子、趣味等旅游项目，现如今萝卜山村由于旅游业没有针对固定人群，缺乏特点。

4. 村庄人居环境虽有改善，但是特色不明显

村庄总体层面上，村庄发展规划不明晰，部分道路仍未硬化，村庄污水问题仍待解决。农户个体层面上，庭院绿化有待进一步推广。建筑方面，禽畜圈舍等生产用房占地过大，上寨住房以一层砖混为主，下寨传统建筑较多，整体风貌比较协调。非居住功能性用房占比高。村庄风貌方面，农户建筑风貌不突出。总体来看，村庄人居环境特色不明显，基础设施相比其他网红村有较大的提升空间。因此需要在未来的规划中花功夫提升空间品质、加强视觉特色，增加网络平台上的吸引力。

四、调研总结与政策建议

（一）网红经济视角下的偏远山区乡村发展建议

▫ 1. 打造乡村特色"视觉景观"，营造对外宣传窗口

手机日益成为小乡村连接大世界的窗口，海量而丰富的信息要素迅速突破时空障碍涌入原先落后闭塞的乡村，极大地拓展了乡村居民的视野，丰富了他们的认知，同时为他们提供了融入外界社会的端口。[7] 乡村的独特视觉景观可以通过短视频传播、图片宣传和直播平台等媒介向外界传递个性化、垂直化、精细化的乡村形象，并且利用多种类型的展示手段，充分利用当下人们碎片化阅读的习惯，挖掘消费者潜在的消费能力，从而潜移默化地影响人们的消费方式。

▫ 2. 利用网红经济的人群叠加效应吸引人群"入乡"

网红经济需要依托大量的粉丝群体进行营销，依据信息交流理论，大众传播媒体影响舆论领袖，舆论领袖把所见所闻再传递给普通大众，普通大众之间也会有频繁的相互传播。因此乡村形象会通过个人联系和媒体传播在社会的每一个人中普遍传播，同一类需求的群体会很快进行叠加。如比较经典的"农家乐"旅游模式以乡村景观、民俗民风为特色，向广大的城市人群提供放松和休息的机会。游客往往以家庭、工作单位、朋友为集群，成群结队地去农家乐游玩。网红经济由于丰富视觉景观产生的叠加效应，可以吸引特定群体，并通过媒体传播和个人影响力快速拓展消费人群。

▫ 3. 通过网红经济"以点带面"的波及效应拓展其他业态

网红经济在发展到一定程度后，往往会脱离本来较为单一的具体产业，拓展更多的经济业态，从而波及整个乡村产业链和乡村产业规模，为村镇带来经济效益。如成都道明竹艺村利用外界熟知的"竹里"建筑为吸引点，依靠"竹里"建筑的网红效应带动了参观、吃喝、住宿、体验等各种产业。此外，建筑

周边"高颜值"的环境让人不由联想到热播综艺《向往的生活》中的画面。道明竹艺村通过对周边环境的营造将网红建筑影响力扩展到各种产业，增强了旅游的经济效应。

□ 4. 提升乡村环境品质，增强"网红村"自身底蕴

偏远山区乡村的建设需要重点关注环境品质的提升。由于底子薄、起点低，在发展网红经济的同时相比其他条件完善乡村尚存在一定的现实差距。因此，在规划时，要脱离"小农经济"的思维，敢于打破村里的旧习，专注于整个乡村的规划建设，紧扣时代的脉搏，大刀阔斧地进行改革，建立完备的支撑体系和管理制度，避免沦为"昙花一现"的网红村。

（二）网红经济在偏远山区乡村发展的实践——以萝卜山村为例

□ 1. 依托特色农产品，实现趣味化营造，增加视觉感官体验

乡村发展定位方面，找准村庄品牌——萝卜，萝卜山村上寨、下寨形状酷似萝卜，村域范围内也种植有大量萝卜，因此选择萝卜作为萝卜山村的特色。乡村规划立足"萝卜"特色，以萝卜为触媒，可延伸"萝卜文化"的各种体验。首先，萝卜作为中华美食料理的重要食材，可以烹制成不同种类的萝卜菜品，同时萝卜作为传统中医记载的重要药材具有较高的药用价值。规划依托萝卜的特色食品产业，将多样性的萝卜产品整合统一，并挖掘产业特色，通过网红的波及效应带动萝卜雕刻、萝卜游戏、萝卜艺术、萝卜餐厅、萝卜集市、萝卜论坛等多种特色产业形式。

鼓励村民开展手工农产品粗加工，打造原生态特色品牌，除了与企业合作的加工产品外，还可以鼓励村

图 3 萝卜山村平面图（上寨）

（图片来源：团队自绘）

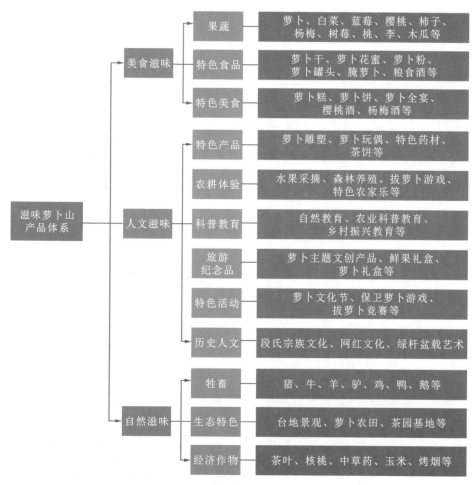

图4　以"滋味萝卜山"为主题，形成多链条产品融合体系

（图片来源：团队自绘）

民利用村庄果蔬资源进行手工农产品加工，由村庄统一组织与统一包装，形成以"滋味萝卜山"为品牌的特色农产品，并结合旅游发展进行特产销售。积极寻求企业合作，扩大农副产品供应链，打造"滋味萝卜山"伴手礼系列产品。

□ 2. 围绕萝卜品牌、营建奇趣乐园、带动亲子旅游

"萝卜"是儿童趣味与艺术的重要素材，萝卜童话、萝卜雕刻、萝卜动画、萝卜建筑等都可以突出奇趣的主题。宛若"迷宫"的萝卜村赋予了人很多奇思妙想，潜藏的"萝卜"的童真文化传达"童年记忆"帮助人们重拾童趣，突破只闻萝卜名、不见萝卜形的发展困境。

（1）通过创造游戏情境优化基础设施、营造童真情境，将整个村落变身为流动的迷宫，打造可观、可游、可玩的沉浸式体验型全生态儿童乐园。

（2）营造游戏场景：充分借用地形优势，营造奇趣的流动空间，实现处处有景，处处显童趣，处处藏童心。形成奇趣的流动空间和行走的童趣迷宫。

图 5　童趣迷宫效果图

（图片来源：团队自绘）

（3）发掘游戏空间：复活的低效空间——梳理和利用乡村闲置用地，重塑村落文化中心、儿童活动中心，为村民提供服务，同时增添乡村情趣空间。如规划的小萝卜乐园，主要梳理了 350 平方米闲置用地，打造小型萝卜童趣园，提供儿童停留空间，增添乡村活力。活动广场选取村落视觉中心位置，梳理和拆除破旧畜养空间，转化为活动中心，增加聚落的凝聚力和活力。

（4）延伸游戏产业：依托村民意愿延伸配套产业，通过低成本游艺产业增添村庄活力。营造萝卜文创展，萝卜饲养园，集餐饮＋亲子娱乐＋教育＋零售＋定制服务于一体的萝卜亲子餐厅，可进行休憩、观景的萝卜驿站。

（5）开展游戏活动：通过一年四季、寻奇访趣等趣味项目，利用萝卜山的萝卜文化组织开展多项活动，如萝卜竞赛、萝卜节日、萝卜雕塑等，充分调动村民积极性，打造萝卜山村"奇趣新名片"。

图 6　村落文化中心效果图

（图片来源：团队自绘）

图 7　立足"萝卜"特色，做大品牌、做成精品

（图片来源：团队自绘）

□ 3. 依托网红"萝卜"元素，带动农产品种植销售，打造网红"农情文化园"

利用萝卜山小学，结合萝卜种植基地，建设萝卜山"农情文化园"。优化农业生产空间布局，实施规模化、特色化、梯度化种养模式，促进农业规模化种植、养殖，对村庄果蔬种植空间、家禽牲畜养殖空间进行统筹，优化农业生产空间布局，促进农业规模化种植、养殖，结合不同作物特征，采用梯度化种植模式，实现四时季相，更替演绎。实现乡村从"自然观光"转向"特色体验"的模式。

图 8　农家乐布局平面示意图　　　　图 9　农家乐改造效果图
（图片来源：团队自绘）　　　　　　（图片来源：团队自摄）

4. 建立特色农家乐-历史人文风-生态萝卜山等多位一体的"网红村"

依托特色农家乐的建设，品尝"萝卜"特色美食，打造具备农家时令、平价消费、多样选择的大众美食，以及注重食材、强调仪式和定制品味的高端膳食的网红农家乐。并结合村民意愿，建设农家乐服务点，服务点分为独立经营和合作经营两种：① 独立经营有青松庄园等知名网红地点；② 合作经营一般由两户或者两户以上合作进行，打造院落环境整洁、转角有绿化种植、建筑风貌有特色、服务设施齐全的农家庄园，通过网红效应带动高端、文化型农家乐。

历史风貌方面，全面摸排登记寨内民居，对于有特色的建筑进行适度改造，追溯历史风貌特色，对开设农家乐的住房进行修缮和整治。对硬路、理水、植树、造景等设施进行优化，对需要修缮的农房、拆除的房间进行统计。

人文风情方面，鼓励村民自媒体创作者将经营特色果园，干农活、养殖牲畜作为视频素材，并自主运营自媒体平台，展示村庄文化，分享民风民俗。村集体协助村民组织构建宣传平台，通过网红效应激起广大观众的好奇心和乡愁。

生态方面，加强村庄的绿化美化，体现一户一簇景、一村一幅画的特点。村庄"能人"承担村庄绿化美化工作，充分发挥能人作用，既提供就业，也美化环境。个人庭院内可以是盆栽、花卉、大树、水池等等，处处体现"一户一花、一户一树、一户一景"的景色。

图 10　历史风貌建筑布局示意图

（图片来源：团队自绘）

表 4　历史风貌建筑统计一览表

	户主	建筑	结构
1	段××	四合院	砖木
2	段××	主房	砖木
3	段××	主房	砖木
4	段××	牛棚	砖木
5	段××	主房	砖木
6	王××	主房	砖木
7	段××	牛棚	砖木
8	段××	厨房	砖木
9	段××	杂物间	砖木
10	段××	主房	砖木
11	段××	杂物间	砖木

续表

	户主	建筑	结构
12	魏××	主房＋牛棚	砖混＋砖木
13	段××	主房、厨房、牛棚等	砖混＋砖木
14	段×	主房	砖木
15	段××	厨房	砖木
16	段××	牛棚	木构

（来源：团队整理）

　　为促进萝卜山农业生产结构的调整和优化，有效解决萝卜山农户产业单一的局面，萝卜山乡村旅游合作社积极发动村民们在村组连片地块种植玉露香梨、早酥红梨等梨树品种，现共种下梨树 160 余亩；种植红萝卜、半头青等品种萝卜 100 余亩。通过打造生态采摘园，将持续推进萝卜山乡村旅游业发展，萝卜山村亦将成为休闲娱乐、旅游观光的理想之地。

表 5　萝卜山旅游产业化发展

旅游发展方向	实例图
农情园萝卜广场和观景台	 
爱的时光隧道和农情园展厅	 

（来源：团队整理）

五、总结与讨论

偏远乡村受地理位置影响，经济和产业发展受阻。"要想富，先修路"的发展模式制约着这些村庄的发展思路。有别于传统互联网的电商模式。网红经济通过打造乡村特色"视觉景观"，营造对外宣传窗口；利用网红经济的人群叠加效应吸引人群"入乡"；通过网红经济"以点带面"的波及效应拓展其他业态；提升乡村环境品质，增强"网红村"自身底蕴等，为偏远山区乡村发展提供了新途径。本文将萝卜山村作为实例，提出：① 依托特色农产品，实现趣味化营造，增加视觉感官体验；② 围绕萝卜品牌、营建奇趣乐园、带动亲子旅游；③ 通过网红经济"以点带面"的波及效应拓展其他业态；④ 依托网红"萝卜"元素，带动农产品种植销售，打造网红"农情文化园"等四种策略。弥补了网红经济在偏远山区应用的空白。

参考文献

[1] 徐照朋. 新媒体时代网红经济的内容创作——基于短视频形态的案例分析 [J]. 西部广播电视，2020（3）：21-22.

[2] 袁泽平，潘兵. 乡村振兴背景下浙江省网红村产业发展策略研究——以富阳文村、东梓关村、望仙村为例 [J]. 建筑与文化，2019（10）：108-111.

[3] 朱旭佳. 视觉景观生产与乡村空间重构——"网红村"现象解析 [D]. 南京：南京大学，2019.

[4] "中国乡村旅游网红村"的成名之路 [J]. 中国合作经济，2018（9）：28-32.

[5] 黄龙. 网红重庆的都市旅游个性体验及开发研究 [D]. 重庆：重庆师范大学，2019.

[6] 肖赞军，康丽洁. 网红经济的商业模式 [J]. 传媒观察，2016（9）：15-16.

[7] 罗震东，项婧怡. 移动互联网时代新乡村发展与乡村振兴路径 [J]. 城市规划，2019，43（10）：29-36.

社会实践团队名称：

华中科技大学建筑与城市规划学院赴临沧市乡村振兴调研暑假社会实践团队

指导教师：

李小红书记、何立群副书记、耿虹教授

团队成员：

徐家明、陈雨辛、熊志鹏、武丹、黄佳磊、黄心怡、何易、马嘉彬、王熙

报告执笔人：

赵梦龙、徐家明、陈雨辛、李彦群、李玥、周博为、陈都、王小莉

指导教师评语：

本团队同学以国家责任担当为己任，响应《关于在全党大兴调查研究的工作方案》的号召，赴边远地区云南省临沧市临翔区萝卜山村开展为期一周的社会实践与调研活动，以当地乡村、企业和农户为调研对象，以入户采访、发放问卷和田野调查为调研方法，深入当地获取一手资料。在调研中，剖析萝卜山村在脱贫攻坚接续乡村振兴过程中产生的实际变化，探讨社会力量给萝卜山村产业发展、环境建设、社会经济建设等方面带来的巨大变化；同时，分析能人效应对乡村发展的带动作用，明确新农人带动村民致富是乡村振兴可探寻的一条可行路径。通过调研实践，同学们一方面认识到规划在扶贫过程中的引领作用，明确规划先行的乡村发展实践路径可以促使当地乡村有序发展，不断提升村民的幸福感；另一方面也懂得了如何运用专业知识思考和助推乡村振兴，在充分了解当地政府、企业、农民的需求的基础上，深刻分析当地发展现存问题，并据此提出有针对性的解决策略。通过此次调研，同学们收获满满，也希望他们能继续保持这份热情与激情，将脚步扎根在中国的乡间田野上，将论文写在祖国的大地上，为中国的乡村振兴事业贡献自己的专业能力与知识。

龙洞拉祜族文化艺术手绘亲子研学实践报告

—————— 摘　要 ——————

乡村振兴是包括产业振兴、人才振兴、文化振兴、生态振兴、组织振兴的全面振兴，其中最重要、最根本、最关键的是产业振兴。本次实践以"双减"政策为背景，以云南省临沧市临翔区蚂蚁堆村为例，探求近郊乡村亲子研学产业在乡村振兴战略实施过程中的可行性及进一步发展的对策。乡村亲子研学产业不同于简单的乡村旅游，其从深层次挖掘乡村隐藏价值，具有政策、民族团结、经济产业、生态文明建设、乡村地域特色文化发扬等多方面独特优势。本研究提出，乡村亲子研学产业作为乡村发展引擎，应当以脱贫乡村自身多种价值为内动力，实现乡村振兴与城市繁荣共生的新格局。

—————— 关键词 ——————

乡村振兴；亲子研学产业；发展策略

一、实践概况

（一）实践地点

临沧市临翔区蚂蚁堆村是拉祜族特色村落，属于直过民族。直过民族特指新中国成立后，未经民主改革，直接由原始社会跨越几种社会形态过渡到社会主义社会的民族。直过民族的发展对稳定边疆地区有重要意义，其中拉祜族分布在华中大定点帮扶的临翔区内，在五年来各界努力下，已经完成易地扶贫搬迁，急需在脱贫攻坚与乡村振兴的五年过渡期内激发内生动力，走向新时代振兴发展之路，在发展认同中铸牢中华民族共同体意识。

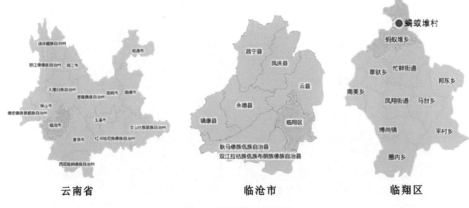

图 1　蚂蚁堆村区位图

（图片来源：作者自绘）

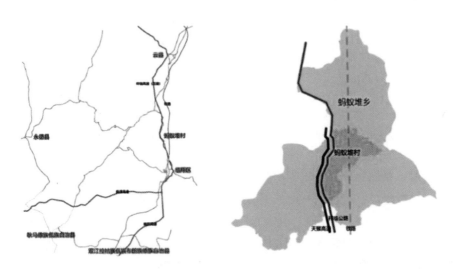

图 2　蚂蚁堆村交通区位图

（图片来源：作者自绘）

　　蚂蚁堆的群山之中，有这样一个风景如画、具有古朴韵味的小村落——龙洞村。"龙洞"是由于原居住地有一个形似"龙洞"的水塘而得名。龙洞村是蚂蚁堆乡蚂蚁堆村下属的一个少数民族自然村组，位于临沧区北部，距临沧市25公里，距乡政府7公里，是蚂蚁堆村亲子研学旅游线路上的一个重要的民族风情展示节点。

图 3　蚂蚁堆村龙洞村组鸟瞰实景

（图片来源：盛静波摄）

（二）实践背景

□ 1. 前期研究

当前，我国乡村脱贫攻坚的艰巨任务已基本完成，正处于巩固脱贫攻坚成果向乡村振兴过渡阶段。在此关键时间节点，只有做好两者的有效衔接，才能更好地找到乡村振兴的路径。在前期研究中，实践队发现蚂蚁堆村在 2019 年退出贫困村行列，脱贫攻坚任务已经完成。但是，目前村庄的经济发展水平仍然较低，许多建档立卡户脱贫依靠的是国家的政策补贴，村庄的发展大多依靠外来力量支撑，自身的内生性发展动力不足。所以，在这个特殊的过渡时期，只有解决好衔接问题，才能早日实现乡村振兴。

2021 年 7 月 27 日至 8 月 3 日，建筑与城市规划学院暑期社会实践队成员李建兴、索世琦、孟棋钰、郝子纯与指导老师陈锦富教授向着云南省临沧市出发，来到原深度贫困村——蚂蚁堆村，踏遍村庄下属 15 个村民小组，走访临翔区 4 个关键职能部门。通过文献资料收集、实地调研、访谈、问卷调查等多种方式，对蚂蚁堆村发展现状进行了细致而周密的调查，调研报告《临沧市蚂蚁堆村乡村振兴路径研究》获 2021 年全国"三下乡""返家乡"社会实践活动优秀调研报告。规划中提出按照"轴线布局、主业突出、园区引领、品牌发展"思路,打造"三带一环两片区"发展结构,北部为农事观光旅游片区,南部为亲子教育旅游片区。"三带"分别为:南汀河风景旅游带,中部旅游观光带,忙杏河谷康养休闲旅游带。"一环"为北部农事旅游环线。核心观点为乡村振兴发展规划实施的抓手,即引导产业规划落地实施。而亲子研学旅游产业是蚂蚁堆村未来主导产业,以此来激活第一产业、第二产业、第三产业链条,需要在后续实践中进一步推动落实。

图 4　旅游空间格局规划图

(图片来源:作者自绘)

□ 2. 相关案例梳理

亲子研学是学生集体参加的有组织、有计划、有目的的校外参观体验实践活动。学生在父母的带领下，以动手做、做中学的形式，共同体验，分组活动相互研讨，书写研学日志形成研学总结报告，体现了寓教于乐、寓教于行。亲子一同在乡村做公益服务，去乡村体验研学课程，能给孩子们带来不一样的感受。乡村发展需要城市支持和关注，城市孩子的成长也需要乡村视野。乡村研学课程，就是把城市里的孩子带到乡村，把社会的目光带到乡村。

英、美、德、日等工业化先发国家，在 19 世纪 30 年代出现了严重的乡村衰落问题。面对这一问题，各个国家出台了多种保护与刺激办法，试图重新激活乡村经济。日本政府针对乡村衰落的问题首先从产业、经济、人居环境入手，推出多种扶持政策，但对乡村的人才流失、土地荒废、传统技艺传承断代等问题未起到有效缓解，因此日本政府调整方向从乡村价值入手寻求突破。韩国的"新乡村运动"作为其东亚经济奇迹的坚实基础，也是自下而上由农民自发推动、政府出台政策引导实现。可见乡村的发展状况在国家的现代化发展过程中有着不可或缺的地位。

以上例子可以有效地说明，单一的经济产业、人居环境治理、乡村风貌保护只能解决乡村衰落的表面问题，深层次的乡村价值观问题不解决，社会无法认识到乡村真正的价值，那么乡村振兴永远只停留在核心问题之外。因此，在全国对于乡村价值进行挖掘及发扬，改变人们对乡村的刻板印象，才是乡村振兴需要解决的核心问题。

（三）调研成果

从江城武汉到边疆山村，2022 年 7 月底，党员先锋服务队再赴蚂蚁堆村，开展为期一周的"龙洞拉祜族文化艺术手绘亲子研学"实践活动，谋划产业振兴的培育方式与路径，推动亲子研学旅游产业的落地实施，引领边疆人民建设美丽家园。调研累计获取有效问卷 365 份，记录访谈笔记累计 2 万余字，撰写稿件共计 2 万余字。形成了四篇新闻稿与一篇总结并发布到临沧市、校院平台的公众号上。

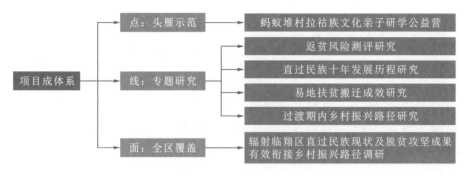

图 5　调研项目框架

（图片来源：作者自绘）

二、亲子研学产业培育优势

乡村研学在国内逐渐兴起，是伴随国家教育改革而产生的综合实践类课程活动。主要由在校中小学生组成，强调以实践探究的方式加强课堂教育与实践教育，是对学校单纯的书本教育的补充，发挥了乡村的教育能力，拓展了学生的视野，强调了学生的知识综合运用能力，以及建立学生的价值观、世界观等。

乡村研学产业在发展过程突出了诸多优势，如政策优势、客群优势以及运营模式优势。

（一）政策支持的优势

自党的十八大以来，国家出台了多个相关文件和政策大力推动研学产业的发展，如《关于推进中小学生研学旅行的意见》《关于全面加强新时代大中小学劳动教育的意见》《关于进一步减轻义务教育阶段学生作业负担和校外培训负担的意见》等，国家的诸多相关政策接连落地，为研学产业注入一针强心剂。乡村是天然的劳动教育场所，研学教育可以利用相关政策优势，结合乡村振兴战略的要求，发挥乡村的诸多价值。政策红利下的市场也意味着巨大机遇，利用乡村人文和自然资源开展研学课程，中小学研学旅行受持续的政策影响，也如雨后春笋般迅速发展，产生了良好的教育反应。

（二）目标客群的稳定

亲子研学产业的主要客群为中小学生，由于政策的相关要求，全国所有中小学生每年都要接受一次社会劳动教育，这就为研学市场带来了巨大的市场。同时素质教育相关理念逐渐被学校及家长等认可，使得市场急速释放，研学产业的供需市场火爆。

（三）激发乡村活力的有效途径

激发乡村活力的根本在于构建新的乡村经济生产关系，将乡村作为一种生产空间进行保留和建设，而不是作为一种观光空间、展览空间。

亲子研学产业不同于以往置入的乡村产业，其主体是服务性的，在不破坏乡村原始经济生产模式、村民生活方式的基础上，推进产业融合，促进城乡资源流通、宣传乡村文化、建设生态文明。乡村还是原本的乡村，只是在原本的乡村的基础上，搭建一个平台，为城市人员提供学习、劳动、休闲、购物；为乡村提供城市的人才、资源、技术、销路等。

亲子研学产业对于乡村经济生产关系而言发挥的是催化剂的作用，并不直接构建产业结构，而是通过调动城市资源，对乡村经济产业和结构进行刺激，推动乡村自身对基础产业的完善与升级。

（四）民族团结的沉浸式教育

研学强调近距离感受与亲身体验，不同于建立普通的乡村博物馆，研学与文化相结合，将文化从博物馆里拿出来，能让参与者近距离感受地域文化的不同魅力。

乡村独特的地域文化使得研学产业较之普通的乡村旅游有了根本的区别。地域文化为当地乡村研学产业注入精神内核，围绕地域文化打造多条研学故事线，相互交错，形成一系列具有地域文化特色的产业，融合打造针对中小学生群体的现场劳育、美育、德育和生态教育的田间课堂。让中小学生群体在田间接受传统农耕实践教育，激发创新意识，感受乡村的自然风光，减少电子产品与互联网的负面影响，提升青少年自我感知能力。

（五）少数民族拉祜族文化特色

拉祜族历史悠久，"拉祜"是这个民族语言中的一个词语，"拉"为虎，"祜"为将肉烤香的意思。因此，在历史上拉祜族被称作"猎虎的民族"。其先民"属古代羌人族系"，是从青海、甘肃一带逐渐辗转南下，进入云南和中南半岛的。拉祜族自称"拉祜"，有"拉祜纳"（黑拉祜）、"拉祜西"（黄拉祜）、"拉祜普"（白拉祜）等支系。史称、他称有"史宗""野古宗""苦聪""倮黑""磨察""木察""目舍"等。1953年4月，澜沧拉祜族自治县成立时，根据本民族人民意愿，统一定族名为"拉祜族"。

拉祜族素居山地，村落多分布在靠近水源的山冈，掩映在茂林翠竹之中。拉祜族的传统住房，主要有落地式茅屋和干栏式桩上竹楼两种。茅屋结构简单，搭建容易。建造时，先在地基上立几根带杈的柱子，杈上放梁，梁上放椽子，椽子上铺盖茅草。柱子四周用竹笆或木板围栅作墙即成，颇具"构木为巢"的古风。

拉祜族人民勤劳善良、崇尚礼仪。在长期的社会生产和生活中，逐渐形成了很多为人处事、规范社会生活的伦理道德观念和行为准则。维护了社会的安定和人与人之间互尊友爱、和睦相处的良好氛围。

三、亲子研学策略规划

（一）规划思路

□ 1. 规划背景

龙洞村是蚂蚁堆村亲子研学旅游线路上的一个重要的民族风情展示节点。葫芦是拉祜族的重要图腾，象征拉祜族从葫芦中走出、向太阳奔去的精神追求和吉祥幸福的美好心愿。"葫芦"和"福禄"谐音，所以葫芦有着财运和福气兼备的意思。它象征着福禄双全、健康长寿、家庭和睦。

□ 2. 规划主题：传承葫芦文化，展示拉祜风情

上承蚂蚁堆村的亲子规划主题，以"葫芦"为媒介，结合新潮的葫芦项目与传统的拉祜文化，在龙洞村策划独具拉祜族特色风情的活动体验。

图 6   拉祜族"葫芦"的起源

(图片来源：网络资料)

□ 3. 项目策划："葫芦之源"龙洞村的"福禄"之路

花香满龙洞，葫芦变宝藏。葫芦的种植条件与龙洞村的气候、土壤等较为契合，具备完善的产业链发展条件，一、二、三产业联动，带动乡村振兴。具体路线为：春季梯田的葫芦种植体验—秋季葫芦长廊的葫芦采摘体验—在休闲商业街品尝葫芦菜肴、体验葫芦烹饪、体验葫芦工艺品制作—葫芦创意新游戏体验。

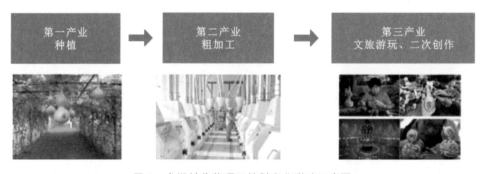

图 7   龙洞村葫芦项目策划产业联动示意图

(图片来源：作者自绘)

（二）方案设计

由于拉祜族人民信仰葫芦，龙洞村也有"福禄之村"的美称。本次策划中，以小葫芦撬动大能量，全村建造风貌、亲子研学方案、活动组织都以"葫芦"媒介开展、串联。

1	拉祜族葫芦文化馆	9	村史馆
2	葫芦图腾剧本杀体验馆	10	游客活动中心
3	福禄节庆广场	11	跨河索道
4	葫芦特色休闲商业街	12	葫芦文化庄园
5	姬松茸种植体验馆	13	丛林探险步道
6	游客服务中心	14	葫芦观光花田
7	停车场	15	葫芦门楼
8	竜节活动广场	16	跨河风雨桥

图 8　蚂蚁堆村龙洞村组规划设计图

（图片来源：作者自绘）

（三）功能分区

根据活动策划，对龙洞村进行规划分区设计。

▫ 1. 村寨北部沉浸式葫芦文化体验区

建设葫芦文化体验馆，展示传统葫芦图腾，进行雕刻、绘画等文化创作。建设民俗节庆广场，组织游客在不同季节体验不同民俗歌舞、宴席等节庆活动。建设葫芦图腾沉浸式剧本杀体验馆，以拉祜族传说、名人故事、传统生活等内容为背景创造不同的剧本故事，注重场景重现，为游客提供沉浸式民族文化体验。建设特色休闲商业街，开发如葫芦的雕刻、作画等民族特色文创产品的手工制作体验、售卖服务，以及竹筒饭、烤肉等特色小吃品尝。升级原有姬松茸大棚，提升环境质量，开发成可供游客参观的体验馆。

▫ 2. 村寨南部民族文化展示区

新建小型游客活动中心，结合原有村史馆，通过照片、雕塑、模型等展示拉祜族的文化变迁、特色建筑形式、服饰等，通过场景重现展示民族特色农耕、制衣方式，开发建筑模型搭建、服饰试穿拍照等体验活动。组织游客参观展览。组织游客体验民俗节庆的特色表演、宴席等。远期项目建成后，该区域恢复为以服务村民为主。

▫ 3. 传统村寨展示区

对原有村寨建筑形式进行改造，增加民族传统建筑要素，整治村寨街道环境。部分农户可将自家建筑改造为民宿或家庭旅馆，供游客留宿。

▫ 4. 葫芦文化庄园体验区

利用山上原有塑料厂场地，打造文化庄园，为游客提供品尝特色美食、感受饮茶文化等服务。

▫ 5. 亲子野趣活动区

打造南汀河东岸景观步道，美化建筑立面，增设民族特色景观小品，如葫芦图腾柱等。打造山间步道，开发青少年丛林探险活动，使青少年体能得到锻炼的同时亲近大自然，欣赏山野风光。利用原有梯田打造多彩花田，丰富丛林探险步道上的景观欣赏。新建跨河风雨桥，连接丛林步道及文化体验区。

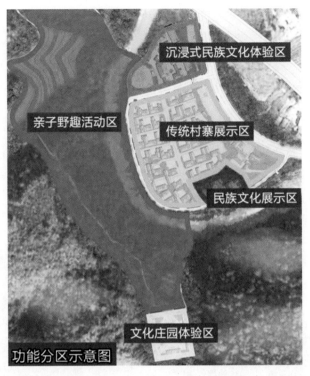

图 9　蚂蚁堆村龙洞村组规划设计功能分区示意图

（图片来源：作者自绘）

（四）"葫芦打卡"活动策划

□ 1. 活动一——了解龙洞村

葫芦造型的村寨门楼、拉祜族景观小品……在活动一的场景中，你可以第一时间观赏到拉祜族"葫芦"图腾装饰，体验拉祜族欢迎仪式，感受到拉祜族的热情，了解龙洞村的发展历程。

1）葫芦门楼呈现独具特色的拉祜民族风情

在龙洞村的主要出入口处矗立着木制村寨门楼，以当地竹、木材、茅草等材料建成，主体建成葫芦形态，饰以葫芦图腾，种植葫芦藤蔓，彰显拉祜族民族特色。葫芦门楼作为路边的标志性节点，吸引着过往人流来到龙洞村一探拉祜族风情。

2）通过村容村貌了解龙洞村发展历史及建设情况

村史馆经过加建、修整，形成了以展示、节日活动、祭祀为主的节点空间。一侧的竜林为人们保驾护航，以葫芦为主要空间意向的广场诉说着拉祜族文化的源远流长。龙洞村至今有一百多年的历史，最初是由双江铁家和忙畔阿万等王家的拉祜族迁居此处，后逐渐发展为一个 32 户的纯拉祜族村子。龙洞村因为原居住地受滑坡影响，2010 年在各级党委政府的帮助下，搬迁到了现在的"美丽乡村""森林村庄""鲜花盛开的村庄"。村子里的群众每每说起来，都说，党的政策真是好，搬迁前后村子完全大变样了：以前山高路远、人背马驮、生产难发展；现在交通方便，基础设施完善，政府帮着找工作，发展产业，日子越来越好过了。

图 10　拉祜族特色村寨门楼

（图片来源：网络资料）

□ 2. 活动二——体验拉祜族传统祭祀仪式

祭猎神，新米饭祭神、祭祖、祭耕牛和农具，叫谷魂，"洗手礼"，供奉厄莎……一个"葫芦"里走出的民族——拉祜族，在龙洞村充满"葫芦"元素的竜节活动广场、福禄节庆广场上，可以举行如此多的拉祜族传统祭祀仪式。

在原村史馆前广场的基础上进行改造，广场添加拉祜族的葫芦图腾要素，美化广场环境，增设绿化设施、休息设施等，作为竜节的节庆场地；于民族文化馆前新建民俗活动广场，广场设为圆形，方便拉祜族村民歌舞庆祝节日；保留广场周围竜林，祭祀时挂红绳许愿，营造氛围。

图 11　拉祜族竜节场景图

（图片来源：网络资料）

1）葫芦祈福

在竜节节庆期间，拉祜族人会来到竜林中，祭祀时挂红绳许愿，营造氛围，祈盼来年风调雨顺、五谷丰登。游客可参与其中，悬挂葫芦图腾立牌，许下美好愿望，与当地百姓一起祈福祝愿，感受民族风情。

2）歌舞表演体验

在竜节节庆期间，游客可以参与到当地村民的节庆活动当中，与当地村民一起，欣赏并体验歌舞表演，感受民族特色文化。

3）聚餐体验

在竜节节庆期间，当地村民会宴请亲朋好友，聚在一起，喝酒聚餐。游客可参与其中，在体验当地特色美食之余，感受当地村民的热情好客。

□　3. 活动三——认识从葫芦里走出来的民族

在拉祜族的文化传说里，拉祜族起源于葫芦，族人都是"葫芦的儿女"。在拉祜族葫芦文化庄园，游客可以通过观看表演、场景体验等方式，深入了解葫芦主题的拉祜族历史以及拉祜族的由来和迁徙历程。

1）葫芦祭祀体验

文化庄园广场，建有葫芦形态祭台，游客可以亲身体验拉祜族特色祭祀文化，了解神话故事。

2）葫芦故事演绎

以皮影戏、山歌、短舞蹈剧、壁画、纪录片等故事形式，演绎《牡帕密帕》中的葫芦故事。

3）祖先迁徙历史模拟

壁画创作展示，儿童模拟手绘地图体验。

4）拉祜族名由来

当地人故事介绍。

图 12　拉祜族人民

（图片来源：网络资料）

□ 4. 活动四——快乐探险：穿越葫芦丛林

穿越葫芦丛林，重走拉祜先民之路，是为了纪念拉祜族在过去的几千年里，历尽艰险，从青海一路迁徙来到云南，感受拉祜族变迁历史。

丛林探险步道，配以葫芦藤架、芭蕉树等拉祜族图腾元素，让体验者置身其中，除了体验到自然风光外，与自然图腾近距离接触，充分感受传统先民与图腾的情怀。

行走在龙洞村丛林之中，浓荫下低调绽放的观光花田，五彩斑斓的浪漫情怀，水天一色的纯美自然，让人惊喜连连，遐想无限。

茂密树林、潺潺流水、浓荫花园、绿意草坡……

1）梯田间种

由于葫芦藤蔓生长遮光的特点，以及花卉生长对光照的需求，花田种植采取间种的方式，在春季播种葫芦，同时种植花卉，春夏两季为花田观光季节。在秋天采摘葫芦，秋冬葫芦藤蔓生长以后，梯田即可打造为葫芦长廊，组织葫芦相关特色活动。

2）葫芦采摘

游客漫步于葫芦长廊，可以体验葫芦采摘，并将采摘的葫芦带到村寨，体验后续的葫芦烹饪、工艺品制作、游戏等主体活动。

3）花田观光

在花田季节，游客可以在结束了丛林探险后，来到花田游览观光，拍照打卡。

4）搭桥体验

游客参与到搭桥活动中，感受拉祜独特风情，领会拉祜人民同心同德、团结一致的民族精神。

5）葫芦祈福

拉祜族人会在桥上拴上代表家畜的石头，祈盼禽畜兴旺。游客参与其中，可以拴上自己采摘的一些小葫芦，写上自己的愿望或祝福，一起挂于桥上祈福。

6）摸鱼活动、篝火晚会

搭桥活动结束后，游客与当地人一起，体验下河摸鱼、篝火晚会。

图 13　葫芦丛林场景图

（图片来源：网络资料）

□ 5. 活动五——葫芦文化：传统与新潮的碰撞

在就地取材建造而成的木掌楼——拉祜族葫芦文化馆，可以体验传统葫芦文化，如葫芦装水、葫芦装酒；还可以体验葫芦文创，如雕刻、剪纸、印章、文创、首饰……

为向游客提供身临其境的沉浸式文化体验，拟将民俗文化馆的建筑形式建造为葫芦形态的建筑。让游客走入葫芦之中，沉浸式了解拉祜族的葫芦文化历史。

雕刻、剪纸、印章、文创、首饰……让游客自己动手，父母带领孩子做手工，在无穷的乐趣中感受葫芦文化的传统与新潮。

图 14　拉祜族建筑及葫芦文创示意

(图片来源：网络资料)

□ 6. 活动六——以节促产：葫芦的狂欢

端午节、火把节、中秋节、春节……都是拉祜族的传统节日。

在以"葫芦"为元素建造的"福禄节庆广场"上，聆听葫芦、响篾、弦子等器乐演奏以及民歌演唱；欣赏芦笙舞、摆舞、跳歌、神鼓舞、祭祀舞、欢庆舞等拉祜族舞蹈表演；体验摔跤、踢架、射弩、火枪射击、打陀螺、荡秋千、标杆、爬杆、武术、拳术、拔腰力、拔河、拉猪、双人三脚跑、仿牛斗角、搬手、丢包、丢石、穿针、甩标签、跳芦笙等体育项目。除了龙洞村拉祜族特有的竜节以外，也对其他拉祜族传统节庆进行体验开发，不同的季节安排不同的主题节庆体验活动，让游客充分体验拉祜族的特色民族风情。

民俗节庆广场滨水而设，良好地亲近自然，并为节庆歌舞表演、聚餐宴席提供了充足的场所空间。在空间营造上，适当增加拉祜族的葫芦元素，注重与水景的互动。

1）春季主题节庆——端午节

端午节是拉祜族种树种花的节日。传说这天是撒在田地里的种子脱离谷壳的日子，把棒头（木杵）插在地里都会生根发芽。这天不能砍伐任何植物，而是种树、种芭蕉、种竹子、种葫芦等最好的日子。游客可以来到龙洞村组，与当地居民一起种下葫芦树，开展"认养一棵葫芦藤"的活动，可以吸引游客未来再次来到龙洞，收获自己种植的成果。儿童在这个活动中可以体验种植的乐趣，记录一棵葫芦藤逐渐成长的过程。

图 15　拉祜族歌舞场景图

（图片来源：网络资料）

2）夏季主题节庆——火把节

拉祜族的火把节在每年农历六月二十四日举行。这天天黑时，各家各户都要在房前屋后或园圃里插一对火把，火把是用松明扎成，有的还在寨子中间的广场上插一对大火把。火把点燃后，全家团聚共餐，有的还互邀至亲好友来家做客，饭后青年男女则聚集在广场上跳芦笙舞，直至天亮。游客可以在龙洞村与当地村民一起，点燃火把，聚餐跳舞，品尝拉祜族特色美食，欣赏、体验各类歌舞活动、体育竞技。

图 16　拉祜族火把节场景图

（图片来源：网络资料）

3）秋季主题节庆——中秋节

拉祜族的中秋节又叫"月亮节"，拉祜语称之为"哈巴节"。农历八月十五这天晚上，要把自己的瓜果和谷物等选最好的拿来献月亮，因为月亮为人们分明耕种的节令。当月亮升起的时候，各家把选来的南瓜、黄瓜、苞谷、谷穗、水果等摆在小篾桌上，拿到寨子后面祭山神的地方献月亮。其中梨是不可缺少的，象征青年男女幸福的日子开始了。在月光下，全寨大人小孩围着篾桌跳芦笙舞，庆祝丰收。游客除了在龙洞村体验芦笙舞、祭月亮等当地节庆活动外，还可以体验瓜果、葫芦采摘及烹饪等，感受秋季的农耕收获。

4）冬季主题节庆——春节

拉祜族的春节在拉祜语里称为"扩尼哈尼"，是传统节日中最重要的节日。拉祜族人过年分为大年、小年。腊月三十，各家都在火塘边吃团圆饭，饭后放火枪火炮，庆祝节日。大年初一凌晨鸡叫头遍，各户便奔向水井抢接"新水"。据说谁家先抢到"新水"，谁家的谷子就先熟，谁家就有福气。吃过早饭后，人们汇集在舞场上唱歌、跳芦笙舞，直至深夜。正月初二起人们互相拜年祝福。初九日至十一日过小年，喝酒、唱歌、跳芦笙舞。春节期间的小年、满年等，游客都可以来到龙洞村，与拉祜族村民一起唱歌、喝酒、跳舞、参加体育竞技，深入体验拉祜族的民族特色，感受拉祜族的风土人情。

图 17　拉祜族习俗场景图

（图片来源：网络资料）

7. 活动七——沉浸逛享：畅玩葫芦街

在这里，可以感受到以"葫芦"为线索的各种体验：葫芦图腾剧本杀、大棚种植体验馆、特色休闲葫芦街、特色美食品鉴、特色烹饪、传统衣服饰品穿戴及特色场景拍照、创意摆件及葫芦图腾工艺品售卖、创意葫芦游戏……

1）葫芦图腾剧本杀

剧本杀作为近年来兴起的新型娱乐方式，也可以在龙洞村引入开发，主打沉浸式剧本杀体验。龙洞村的剧本杀体验，应在拉祜族的神话传说、史诗故事等的基础上进行改编创作，神话传说、传统生活场景、重大历史事件等，都可以作为创作背景。应根据剧本内容还原拉祜族的生活场景环境。游客换上拉祜族的传统服饰，走进拉祜族传统建筑，身临其境感受拉祜族的悠久历史、文化变迁，全方位了解拉祜族的历史、生产生活变迁，感受拉祜族的文化内涵。

2）大棚种植体验馆

在原有的姬松茸大棚的基础上进行改造升级，提升种植环境，尽量增加游客观赏空间。在这里，游客可以观看关于姬松茸的视频介绍，以及在不影响正常生产活动的情况下，走进种植场地，近距离观察其种植、生长、采摘的过程。最后还可以购买姬松茸及其附属产品，带动当地的产业发展。

3）特色休闲葫芦街

在龙洞建设一条融入美食、工艺品零售等多种休闲业态的商业街——葫芦街，主打拉祜族特色民族项目体验，可开发的项目包括：拉祜族特色美食品鉴——磨豆腐、腌制鲊肉、豆米香肠、茶香牙床、鸡蛋茶酥、拉祜茶酸肉、普洱茶窝窝头、茶豆炒酸菜、核桃春黄笋、香茶糯米饭、木姜子酸萝卜炖罗非鱼等等；特色烹饪体验——对在山上采摘的葫芦进行加工烹饪；拉祜族传统衣服饰品租售、特色场景拍照——租赁传统服饰到复原传统建筑场景拍照；创意摆件售卖——拉祜族形象手办盲盒；葫芦图腾工艺品售卖——雕刻、作画等。

创意摆件售卖

拍照体验　　葫芦工艺品售卖

图 18　拉祜族民宿与街景图

（图片来源：网络资料）

8. 活动八——舒适下榻：拉祜族风情民宿

久居城市的人，肩上背负了太多的压力……活动的最后，来到龙洞村拉祜族建筑群，体验拉祜族"葫芦"民宿文化，增进亲子间的情感交流。

1）拉祜族建筑群落改造

以村委会为管理主体，各家农户分散运营，打造原汁原味的拉祜族民宿。对村内原有建筑适当修缮，以当地材料（如木材、竹子、茅草等）加盖坡屋顶，尽量还原拉祜族传统木掌楼风格，令游客漫步于村落中，了解拉祜族传统建筑样式。

2）拉祜族民宿体验

部分村民的住房二层空置，可适当选取民居进行改造，将民居二楼打造成民宿，为游客提供住宿环境。二楼与一楼的居民生活区分隔，保护村民生活隐私，同时便于管理。民宿样式设计为拉祜族木掌楼形式，增强游客的场景体验感。

（五）建筑改造方案

□ 1. 在地性建造

为还原传统拉祜族村寨场景，展现拉祜族特色风貌，需进行建筑形态改造，复原拉祜族传统建筑形式——木掌楼。拉祜族木掌楼作为具有民族特色的传统地域性民居，其形成受到地理环境、气候条件、社会形态、民族政治、历史文化等多方面的影响，是其独特的地域性基因与文化基因的实体化表达。木掌楼建筑营造应就地取材、因地制宜，采用当地特色材料，还原传统风貌场景。

1）建房时间

龙洞拉祜族可以选择在腊月建房。一是建房使用"夏材"，木匠师傅们遵循"七竹八木"的选材原则；二是在冬季才有足够的剩余劳动力参与组织建房活动；三是冬季为云南高原地区的旱季，清爽的室外环境对于建材干燥处理和室外的建造工作都十分有利。

2）图腾装饰

拉祜族在漫长的发展中，延伸了以下图腾：葫芦、芭蕉树、虎、牛、狗、喜鹊。在建造中运用以下元素，增强拉祜族民族特色：用葫芦造型的图案装饰建筑、牌坊、路灯、桥梁、车站、广告牌等；还原芭蕉树祭台场景实物展示，墙画展览；神话传说的墙画展览、故事注释；剪纸作品、服饰装饰、瓷砖立面等。

3）其余民族特色

将拉祜族的音乐特长、服饰花纹以石墙雕刻、房屋装饰等方式展示出来，营造拉祜民族特色村的在地性。

图 19　拉祜族特色图腾

（图片来源：网络资料）

2. 空间营造

1）屋架营造

龙洞村拉祜族木掌楼属于矮脚干栏式建筑的一种，采用木构架体系，突出纵向承重体系。木掌楼建筑形式原始质朴，全屋不使用一根钉子、一块砖头，整体的承重稳定全靠木构架体系承担。工序包括：确定尺寸，柱、梁编号制作→立檐柱→立中柱→搭横梁→搭纵梁→搭八字屋架→搭屋架梁。

2）楼面营造

龙洞拉祜族木掌楼楼面构造主要包括铺设楼楞层、郎席层、楼板层、铺设夹层楼楞层、郎席层，铺竹篾席。

3）火塘营造

火塘，是拉祜族人传统的烹饪工具，通常位于厨房靠里的中央，一平方米见方，火塘上方有一片竹篾，可以用来陈放常用的佐料或小一点的烹饪工具。为复原拉祜族传统生活场景，在保证消防安全的前提下，在复原的建筑内部适当设置火塘，为游客提供体验原始烹饪方式的机会。火塘设置在木掌楼内间的中心位置，火塘的搭设一般是与楼板同时进行的，结构上在与楼地面一体的同时，又相对独立，主要包括将火龙架嵌入楼板，在铺设好的火塘架里放入生土和草木灰。

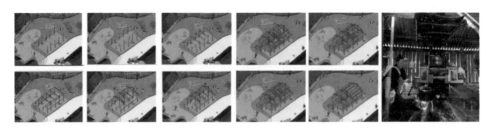

图 20　拉祜族建筑营造秩序

（图片来源：网络资料）

□ 3. 改造意向

1）葫芦门楼

在龙洞村的主要出入口建设木制村寨门楼，以当地竹、木材、茅草等材料建成，主体建成葫芦形态，饰以葫芦图腾，种植葫芦藤蔓，彰显拉祜族民族特色。葫芦门楼作为路边的标志性节点，吸引着过往人群来到龙洞村一探拉祜族风情。

图 21　龙洞村门楼设计图

（图片来源：作者自绘）

2）民宿楼阁

对村内部分原有建筑适当修缮与翻新、加盖坡屋顶等，尽量还原拉祜族传统木掌楼风格，使游客漫步于村落中，了解拉祜族传统建筑样式。部分村民的住房二层空置，适当选取民居进行改造，将民居二楼打造成民宿；同时通过连廊的设置，将二楼民宿空间形成一个整体，为游客提供住宿环境；二楼与一楼的居民生活区分隔，保护村民生活隐私，同时便于管理。民宿样式设计为拉祜族木掌楼形式，增强游客的场景体验感。

图 22　龙洞村街景廊道设计图

（图片来源：作者自绘）

3）民族体验

在沿街建筑立面上加建小型门楼，将门楼串联成长廊，为当地居民提供户外活动、休憩的场所，居民在其中聊天、打牌、喝茶，游客漫步其中，感受当地人的日常生活特色。廊下也可以设置特色小摊，提供特色小吃品尝、葫芦工艺品制作等体验服务，供游客游览，体验当地风情。

图 23　龙洞村街景廊道设计图

（图片来源：作者自绘）

四、拉祜族文化艺术手绘亲子研学周实验

（一）乡村研学基地概况

为推动脱贫攻坚与乡村振兴无缝对接，将《云南省临沧市临翔区蚂蚁堆村乡村振兴发展规划》（本团队 2021 年编制）确定的亲子研学旅游产业的发展逐步落地实施，既助力教育"双减"政策落实，又培育研学旅游市场，在实践中打造一条在地性强、可持续的亲子研学旅游产业链，推动乡村振兴规划项目落地实施。

当前，国内研学旅游主要与科技旅游、红色旅游、乡村旅游、户外拓展等结合，形成科技研学、红色研学、乡村研学、营地研学等多种类型。鼓励与乡村特色相结合，走出独特的发展路径。

（二）研学实验思路

经与蚂蚁堆乡党委政府协商，决定先期启动龙洞拉祜族文化村寨（蚂蚁堆村的拉祜族村民小组）的亲子研学游实验工作，实验主题为"拉祜族文化艺术手绘亲子研学周"。围绕"亲子研学"策划主题，策划亲子研学公益营各类附加活动，通过场景式、体验式、互动式等多种形式为村民提供科普服务，设计龙洞村组的主街山墙图案，宣扬直过民族拉祜族的传统文化，宣传习近平新时代中国特色社会主义思想，带领蚂蚁堆村儿童参加公益营，进行共同劳动、学习体验、美化乡村等一系列活动。同时调研记录临沧市临翔区直过民族整体情况，展示党的十八大以来，边疆地区人民"下山入户"的变革性实践和标志性成果，推动脱贫攻坚成果与乡村振兴路径的有效衔接。

（三）研学实验实施过程

□ 1. 策划设计

在方案讨论会上，结合队员们的走访感悟与当地的拉祜族文化，团队开始

思考墙绘的主题内容及表现方式。"第一，我们这次来就是要试着推动去年编制的规划里提到的亲子研学产业的。第二，民族团结要从娃娃抓起，要将民族团结一家亲的理念融入到孩子们喜爱的绘画中，让民族团结的种子从小就在孩子们的心中生根发芽。第三，直过民族的发展对稳定边疆地区有重要意义，其中拉祜族分布在华中大定点帮扶的临翔区内，在发展认同中铸牢中华民族共同体意识是十分重要的。"在陈锦富教授的指示下，队员们积极思考、建言献策。"主题要鲜明，要让大家具备高度的意识认同。""而且内容要简约，图案不能太复杂。""要让大家都能参与进来，并且墙面上要为孩子们留有创想余地。"5名党员研究生在陈锦富教授的带领下，与当地村民一起精雕细琢、共同绘制，变新时代党的统一战线工作的"大写意"为精谨细腻的"工笔画"，奋力谱写统一战线事业新篇章。

实验周以"不断筑牢中华民族共同体意识"为主题，开展"党的光辉照边疆，边疆人民心向党"红色亲子研学实践活动。以红色党旗与当地拉祜服饰特点为主要设计元素，通过平面构成的方式，设计墙绘方案。实验周期间鼓励公众参与，共建美丽乡村。

墙绘活动各细节商定后，团队即刻实施行动，包括采购物资、墙面清理、定位放线、墙面上色等工作，在这个过程中吸引了不少孩童前来观摩，并得到了村民的大力支持。

深入乡村与村民访谈　　与村委会交流乡村建设意见　　与村民交流乡村建设思路

图 24

（图片来源：团队自摄）

□ 2. 活动开展情况

活动期间，吸引了不少家长与孩童。在团队成员的帮助下，家长与孩童共同完成墙绘。"平时也比较忙，真正陪伴孩子的时间不多。通过今天的活动，我与孩子有了更深的交流。希望之后能够有更多这样的机会。"

　　团队成员与当地孩子们从一开始的不熟悉到后来成为好朋友。在团队成员的鼓励下，孩子们拿起画笔，蘸上颜料，随心描绘。大家共以墙为布，画美乡村，画美中国，将民族标识、中国元素等搬上墙面，让原本单调的墙面变得丰富多彩。

000记录测量　　　001清理墙面　　　002补墙01　　　003过程图

003铺底色　　　003修正边界　　　004绘制底稿　　　004绘制底稿01

005过程图　　　005描字　　　006补全　　　007即将完成

图 25　墙绘

（图片来源：团队自摄）

图 26　团队成员与拉祜族村民留影

（图片来源：团队自摄）

为庆祝八一建军节，团队成员博士研究生杨禹村为孩子们科普军事知识，"哦！我知道，建军节是解放军叔叔的生日。"6岁的田景浩抢答道。"那我们要给解放军叔叔送生日礼物吗？"3岁大帆妹问道。"你们好好读书，就是送给他们最好的礼物了。"博士研究生杨禹村回答道。

杨禹村向当地小朋友讲述解放军的历史

团队成员与当地孩童共绘

图 27

（图片来源：团队自摄）

▫ 3. 实验总结

　　孩童们用最稚嫩的笔触，倾诉了他们心怀祖国、忠心向党、立志奉献的炙热情怀。通过墙绘这种生动的形式，作为亲子工作的切入点、亲子研学产业的开启点，实现教育人、启迪人、感化人、鼓舞人，让孩子们有理想、有担当，让青年立大志、成大才，中华民族的未来就有希望。画一笔，画出美丽乡村，画出多彩中国；盖手印，印出党民一心，印出民族团结。

图 28　党员先锋队与蚂蚁堆村学生合影

(图片来源：团队自摄)

　　墙绘作业过程中，团队成员不畏酷暑，以实际行动参与乡村人居环境整治提升和美丽乡村建设，为村容村貌注入了新活力，使村民在潜移默化中感受党的温暖关怀，为书写乡村振兴样板贡献了青春力量。

　　在完成此面墙的墙绘工作后，蚂蚁堆村分队将完成街子、龙洞主路两侧与南汀河一侧的可绘墙面的统计、测绘、设计、展陈工作。

　　团队成员前期发挥设计特长，以华中科技大学、蚂蚁堆村和拉祜族人民为原型设计角色、绘制漫画，从红色乡村视角传播田埂上的"四史"（中共党史、新中国史、改革开放史和社会主义发展史），宣讲华中大扶贫故事，作品获华中科技大学"百个研究生党支部讲好百个校史故事"创意传播大赛优秀奖、最佳人气奖。

图 29　乡村振兴吉祥物设计

（图片来源：团队自绘）

在地实践活动暂时落幕，蚂蚁堆村分队的行动却永不止步，团队将持续与蚂蚁堆村携手共绘乡村振兴美好蓝图，让每一个奋进的足印，都镌刻在行进的史册里。

（四）院坝会

2022 年 7 月 27 日下午，建规学院党员先锋服务队光影耀神州队、蚂蚁堆分队、振兴实践服务队联合华翔党支部在云南省临沧市临翔区蚂蚁堆村龙洞拉祜族村组开展了一次深情生动的主题党日活动。活动以"回望建党百年喜迎二十大，共话乡村振兴奋进新征程"为主题，师生一起沉浸式重温总书记嘱托，共话临翔乡村振兴动态，分享实践调研感悟。活动由建规学院研究生辅导员王玥主持。

建规学院研工组组长王玥开场发言

院坝会现场

图 30

（图片来源：团队自摄）

王玥在开场中提到临翔区与华中科技大学感情尤为深厚，这一次，党员先锋服务队把党课搬到了村民家的院坝，与拉祜族村民排排坐、肩并肩、话家常，让队员们不仅仅是"身入"，更是"情入""心入"。

临翔区人民政府副区长张发雄以"政治挂帅、战略引领、规划强基、项目驱动、实干玉成"20字方针为题，向我们介绍了临沧的发展脉络与未来蓝图。他表示脱贫攻坚是命题作文，而乡村振兴是开放性论文，在实现全面脱贫后，临翔区将以全新的面貌迎接崭新挑战。下一步，临翔区将与华中科技大学实现学科精准对接，进一步带动各环各链全方位发展。华中科技大学援滇干部、蚂蚁堆村第一书记姜宗显为队员们介绍了蚂蚁堆村建设发展情况，在各界的努力下，蚂蚁堆村正向着乡村振兴的大道稳步迈进。

临翔区人民政府副区长张发雄发言　　　　蚂蚁堆村第一书记姜宗显发言

图 31

（图片来源：团队自摄）

建规学院党委副书记何立群饱含深情地讲述了建规学院党员先锋服务队15年来的志愿服务历程，她表示："服务队扎根乡村15载，在实践中服务乡村振兴，把青春挥洒在祖国广袤的田野中，也成为基层人才成长的沃土。"建规学院副院长蔡新元表示，初到临沧深感风光旖旎，文化气息浓厚，将进一步推进与临翔区深度合作，通过光影秀讲好临沧故事。建规学院教授耿虹表达了对临翔的真挚情感，她结合自己多年驻足临翔的规划实践，向大家生动地讲述了如何利用专业知识助力乡村环境整治、规划帮扶、易地搬迁的故事，勉励同学们知行合一、收获成长。

图 32　郝子纯学习习近平总书记在中央民族工作会议上的重要讲话

（图片来源：团队自摄）

党员先锋服务队队员郝子纯学习近平总书记在中央民族工作会议上的重要讲话，紧扣铸牢中华民族共同体意识这一主线，着力将"大写意"变为"工笔画"，奋力擘画民族团结进步事业宏伟蓝图。

建规学院党委书记李小红带领全体党员重温入党誓词，牢记初心使命，延续家国情怀，传承共同的中华民族热血。她表示华中大建规学院与云南人民在实现脱贫攻坚的伟大奇迹中结下了深厚友谊，感谢区领导、村干部和老师们的精心工作，建规学院将进一步与云南临沧心手相牵、同题共答，奋力描绘乡村振兴的全新图景。最后祝愿蚂蚁堆村村民生活芝麻开花节节高，希望党员先锋服务队师生实践顺利、学有所获。

图 33　建规学院党委书记李小红发言

（图片来源：团队自摄）

参会人员移步蚂蚁堆分队策划实施的龙洞拉祜族民族村寨文化艺术手绘亲子研学教育活动墙前，建规学院教授陈锦富介绍了融合拉祜族特色的图案设计理念和龙洞亲子研学产业发展规划，并邀请实践队队员与蚂蚁堆村村民绘制民族彩、按下同心印、共话振兴路。

图 34　陈锦富教授在党旗下交流

（图片来源：团队自摄）

　　本次主题党日活动形式创新为一场接地气的"院坝会"，融党史学习、政策宣讲、现场互动、文艺活动等内容为一体，既是密切党群关系的"群众会"，又是师生接收知识的"大课堂"。回望建党百年，民族团结一家亲喜迎二十大；共话乡村振兴，同心共筑中国梦奋进新征程。

图 35　院坝会留影

（图片来源：团队自摄）

　　临翔区人民政府副区长张发雄、建规学院党委书记李小红、副书记何立群，建规学院副院长蔡新元、蚂蚁堆村第一书记姜宗显和蚂蚁堆村村干部及村民代表、党员先锋服务队全体师生参加活动。

（五）亲子研学后续计划

　　活动在蚂蚁堆村引发热烈反响，万余人次参观展览，蚂蚁堆乡党委政府积极协商相关用地建设问题，重建射箭馆，以龙洞村组为试点，掀起蚂蚁堆村亲子研学产业发展热潮。并总结"龙洞经验"，未来进一步向街子村组、大田村组延伸，形成以培育亲子研学产业带动乡村产业链发展，从而振兴山区脱贫乡村的"蚂蚁堆样板"。

五、总结

　　研学产业是探索活化乡村价值并实施乡村振兴战略的一条有效途径，不同于以往的简单改变乡村经济产业模式，研学产业依赖于乡村本身独立完整的农业经济产业结构，在此基础上挖掘蕴含在经济结构背后的乡村价值，同时推动城乡资源流动，促进城乡互通互补。研学利用本身政策上的优势、目标客群稳定的优势、运用模式的优势，促进乡村良性发展，为建设生态文明、实施乡村振兴战略提供一条可行的途径。

巩固拓展脱贫攻坚成果同乡村振兴的有效衔接是"十四五"时期的一项重要战略任务，也是"三农"工作重心的历史性转移，更是脱贫地区全面推进乡村振兴的必由之路。对于原深度贫困村庄而言，实现乡村振兴任重而道远。我们立足蚂蚁堆村实际，检验其脱贫攻坚成效，同时评估其发展水平，力争最大限度把握村庄发展的关键，探寻出发展的最佳路径，为早日实现乡村振兴、走向共同富裕提供借鉴参考。虽亲子研学实验获得成功，但我们所提出的对策建议能否真正长久生效，还需要实践的检验。我们将在此次调研的基础上进一步完善蚂蚁堆村发展规划，并积极推进规划落地，不断在实践中进行调适，着力探索出一条脱贫山村的乡村振兴之路。

最后，感谢临翔区人民政府张发雄副区长，蚂蚁堆村姜宗显书记、盛静波书记，以及各位村干部对本次调研活动的全程陪同参与，感谢蚂蚁堆村村民提供的问卷与访谈支持，感谢临翔区农业农村局、水利局、乡村振兴局和国土资源局提供资料帮助，感谢学校与学院各位老师对实践团队的悉心指导。

社会实践团队名称：

建规学院党员先锋服务队蚂蚁堆分队

指导教师：

何立群副书记、陈锦富教授、王玥辅导员

团队成员：

郝子纯、李建兴、杨禹村、索世琦、孟棋钰、林其健、陈丽丽

报告执笔人：

郝子纯

指导教师评语：

云南省临沧市临翔区蚂蚁堆村是华中科技大学定点帮扶，并获教育部立项支持的乡村振兴试点村。蚂蚁堆村暑期社会实践队积极响应党中央号召，奋力投身到乡村振兴的伟大社会实践中。同学们充分发挥城乡规划学科优势，将专业知识运用于乡村振兴发展规划的编制与规划实施过程中，为蚂蚁堆村乡村振兴贡献青春力量、专业智慧。

该报告全景展现了实践队自 2021 年 3 月始，多次深入蚂蚁堆村开展调查研究，编制乡村振兴发展规划，凝练主导产业，谋划新兴产业，培育新兴产业落地实施的全过程。重点报告了实践队在亲子研学产业的策划、规划设计、落地实验过程中的所思、所想、所悟，真情实感跃然纸上。从报告中能感受到，同学们在 2022 年暑期的亲子研学产业培育实验周中，挥洒激情和汗水，收获实验活动圆满完成的喜悦和满满的成就感。

希望同学们继续发扬艰苦朴素、脚踏实地、与人民群众打成一片的优秀品格，更好更优地发挥专业所长，在祖国的大地上，书写青春奉献的光辉新篇章。

湖北省孝昌县小河古镇遗产调查与
保护传承路径探索

摘　要

　　在我国提升国家文化软实力、文化自信的战略背景下，全国各县市致力于历史文化遗产保护工作。然而我国众多古镇、古村陷入困境，缺少保护资金、智囊团队和专业力量，严重影响了古镇的保护与发展。孝昌县小河镇是鄂东北地区的典型传统市镇，拥有深厚的历史底蕴与历史资源，实践团队以小河镇为研究对象，通过文献研究、田野调查、问卷访谈和多学科交叉研究方法，对小河镇进行历史摸底排查，发现问题并探寻保护策略。通过对古镇"历史、空间、乡情、民意"四个方面内容的调研与分析，本团队发现小河镇存在"保护意愿强烈，缺少科学设计指导""管理欠缺协调，发展保护存在矛盾""文化自信阙如，民间参与程度较低""旅游本底不足，缺少发展动力引擎"等重要问题。针对这些问题，本团队与地方政府合作，借助团队四大专业力量，开展了小河镇规划设计与在地性实践活动，并推动了公众参与，取得了良好的社会效益。在实践过程中，本团队发现共建共享助力遗产保护的优势与现实意义，因而提出了"多元共建的小河模式"，利用"多专业"＋"多途径"＋"多主体"＋"多部门"的共建优势，自下而上推动小河古镇的活态保护，以期为我国传统古镇的保护研究建言献策。

关键词

　　多元共建；遗产保护；乡村振兴；湖北古镇

▌一、问题的提出

> 历史文化遗产承载着中华民族的基因和血脉，不仅属于我们这一代人，也属于子孙万代。
> ——2022 年 1 月 27 日，习近平在山西省晋中市考察调研时指出

随着中国城镇化发展进入下半场，历史遗产保护与文化传承成为提升地方软实力的重要内核。在旅游产业的带动下，基于单一主体主导的"保护性开发"，许多名村名镇遗产作为一种文化资产，走向商业化开发的发展路径。由于政策法规缺失、遗产保护专业技术欠缺、参与主体话语权不均等、资本运作周期短、管理政策一刀切等原因，一些古城、古镇、古村通过迁出先住民、仿古重建、统一物业管理等方式进行景区式开发，导致各地古镇辨识度低、文脉错接、业态同质化、社会关系失衡等问题频频出现，更触及文化遗产的原真性根本，乃至丧失遗产的地域特色与文化内涵。因此，如何识别城乡遗产的地域文化基因，如何统筹保护与发展的难题，如何运用好"绣花"功夫进行"微改造"与精准保护，如何遵循当地演化的内在规律进行可持续保护与再生，需要相关专业领域乃至全社会在实践中的认真探索。

湖北省孝昌县小河镇曾经是鄂东北地区的商贸中心，至今仍保存有 1.6 千米长的明清古街、上百家集中连片的传统商铺，是保存完整性、集聚性、连续性、活态性、真实性的稀缺标本，2013 年列入中国传统村落名录。面对历史建筑体量如此庞大、活态而丰富的文化遗产瑰宝，单一资本力量的介入必然覆盖古镇的固有特色。在新的存量更新背景下，小河古镇如何避免单一商业开发模式，如何延续小河古镇的原本特色与文脉，如何提升当地自我造血、良性循环的可持续发展能力？面对这一系列古镇遗产保护传承问题，小河镇政府与高校团队开展合作，尝试探寻小河特色保护传承路径。

二、调查方法、调研计划与调研地概况

（一）调查方法

□ 1. 文献研究法

（1）汇总并分析论述小河古镇相关的古今文献，把握小河古镇的发展历程和研究动态，将其作为实证研究的重要基础，继而为小河古镇的保护及发展提供方向与启示。

（2）厘清国内外多元共建相关的理论资料及实践案例，将其主要结论及经验作为本次调研的理论基础。

□ 2. 归纳演绎法

归纳总结优秀古镇保护更新案例中各类模式与空间发展的关系，推演历史古镇保护更新的有效方法与途径，深挖其内部的动力机制，总结提炼其关键要素与规划路径。

□ 3. 田野调查法

在确定调研前、调研中、调研后的具体安排的基础上，对小河古镇进行横跨 6 个月的实地调研，系统地挖掘梳理小河古镇的历史脉络、历史资源、地方故事。

□ 4. 访谈及问卷调查法

通过对小河古镇历史文化保护传承相关联的各类主体发放问卷或进行深入访谈，了解各主体对小河古镇的现状评价及未来发展的真实诉求，从而为研究的深入奠定数据基础。

□ 5. 多学科交叉研究法

综合运用城乡规划学、社会学、旅游经济学、人类学、类型学等学科的相关知识对小河古镇进行综合分析，纵向梳理小河古镇古今历史文化脉络，横向研究小河古镇多元主体诉求差异，从而构建起全面的保护提升框架。

□ 6. 定量分析方法

通过各种定量分析方法，进一步处理访谈及问卷调查数据，使调查结果更直观，从而了解不同主体对小河古镇历史文化保护不同方面的诉求差异，为小河古镇历史文化空间的优化发展提供参考。

（二）调研计划

□ 1. 调研实践目的

本次调研以小河古镇为调查研究对象，通过田野踏勘、访谈、问卷调查等方法，从多层级、多角度，对小河古镇的特色文化资源、公众认可程度、内外结构关系等方面进行定量与定性相结合的分析，探寻其保护传承过程中出现的问题，分析古镇未来发展定位与趋势，完成其保护工作的具体实践。在此基础上，进一步探索小河古镇保护可持续发展路径，从而为历史古镇的保护传承路径提供一定的建议与指导。

（1）挖掘并梳理小河古镇的历史脉络、历史资源、地方故事，建立地方自信。

（2）剖析不同参与群体对小河古镇现状的评价及对发展的需求，厘清并揭示小河古镇文化空间重构的动力机制与发展趋势。

（3）组织并实践小河古镇保护传承工作，举办在地活动，创造小河文化IP，延续小河文脉传承。

（4）探讨并落实满足小河古镇原真性恢复与持续性保存的途径，建立小河历史文化传承的方法体系。

□ 2. 调研实践进度安排

本次调研实践时间跨度为2022年3月至9月，调研整体进度主要分为前期初识小河、中期挖掘小河、后期点亮小河三大阶段。前期对小河镇进行地方发展问题的总结，依托学院扶贫工作，与地方政府沟通，明确小河发展的共建策略；中期进行历史脉络的梳理、历史资源的盘查、地方故事的挖掘以及发展路径的研究；后期进行各类资源整合，发挥学院规划、建筑、景观、环艺四大学科专业力量，围绕"点亮小河"主题，开展各类宣传及大型活动，推动规划设计落地。

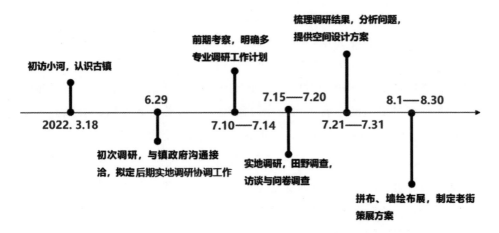

图 1　调研进度安排表

（图片来源：团队自绘）

□ 3. 调研内容

1）历史调查：挖掘历史信息与历史脉络

实践项目组建了由城乡规划学、建筑学、风景园林学及设计学师生构成的专业队伍，在前期预调研的工作基础上，深入小河古镇开展深入调查，通过乡民访谈、古建测绘、影像记录等形式，梳理小河脉络，盘点小河资源，挖掘小河故事。团队重点调研对象是古街老建筑，通过勘测等方法梳理古建筑历史信息；城乡规划学师生广泛查阅历史资料，通过采访整理地方口述史，拍摄并整理古镇街巷格局、古街风貌特色；建筑学师生测绘并建模历史建筑，通过数字技术保存完整的小河镇标志古建筑；风景园林学师生调研小河镇景观格局与植物特色，形成后续生态保护与景观设计的基础研究资料；设计学师生走访调研各类手作店铺与环境小品，从古镇居民的日常生活中提炼出地方特色符号，充实小河历史资源信息库。

2）空间调查：探研古镇格局与现状风貌

小河空间历史遗存除了历史建筑以外，整体视角下的空间环境也是重中之重，因此需要针对镇区、古街、建筑三个维度的古镇空间进行详细调研：针对镇区，主要调研整体格局状况；针对古街，主要调研商业功能存续；针对建筑，主要调研建筑功能与空间风貌。通过这种方法，对古镇空间的整体格局进行全方位的把控和了解，从而更有针对性地发现现存问题、提出相应应对策略。

3）乡情调查：摸底古镇保护与发展困境

实践项目以"多元共建"为理论指导，以"摸清古镇乡情、了解百姓所需、认识保护所困、回应发展所缺"为调研内容，对当地政府、能人乡贤、乡亲居民、高校教授、外来游客进行了访谈调查。团队在政府访谈中梳理小河脉络，在乡贤采访中追溯小河历史，在居民调研中感受小河乡情、了解小河需要，在专家访谈中明确小河蓝图，在游客采访中挖掘小河希望。

4）民意调查：了解各方的空间发展诉求

通过对古镇居民与外来游客发放调研问卷，在大量的数据回复中了解到居民、游客等多主体的真实意愿，了解各方主体的空间发展诉求。针对居民了解其对于古镇的居住体验、生活质量提升诉求、风貌需求和文化需求等内容；针对游客了解其游玩体验、游玩意愿和旅游需求等内容。最后对所有的问卷数据进行汇总分析，得出成果结论。

（三）小河古镇概况

□ 1. 基本情况

小河镇位于孝昌县北部，隶属 1＋8 武汉城市圈。原为小河溪，亦称小河司（市），历史悠久，源远流长。1995 年，小河镇统一街道名称，把古街定名为"环西街"，现存的明清古街建筑面积达 20 多万平方米，是湖北省保存较好、规模较大的古建筑群之一。

□ 2. 地理环境

小河镇地处大别山南麓，江汉平原北部，桐柏山、大洪山东南侧，澴河东岸。小河溪西依澴河与府河合流，最终汇入滠水，至武汉谌家矶注入长江。镇内地形东高西低，地貌以丘陵山地为主。小河镇镇区外为大观山、二龙山、太子山和雨台岗，四座山（岗）四角拱卫。澴河沿镇域西侧边界向南延伸，支流小河溪深入镇区内部，明清古街便是沿小河溪生长、发展的。

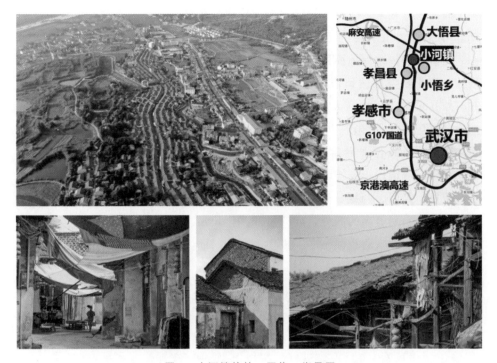

图 2　小河镇航拍、区位、街景图

（图片来源：团队自摄）

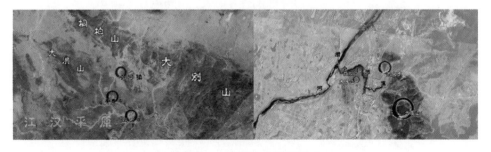

图 3　小河镇山水环境图

（图片来源：团队自绘）

□ 3. 特色文化

1）商贸基因

（1）小河商贸的历史盛况。

600 多年前，小河溪就是湖北汉口至河南并直通京城的驿铺、腰站，有"驿道上车马辐辏，澴河中帆樯如林"的描写诗句。由于水陆交通发达，小河溪工商业十分繁荣,手工作坊鳞次栉比,商号店铺林立,素有"小汉口"之美誉。"日看千人拱手笑,夜观万盏明灯悬",可用于描述当时盛景。

明清时期,小河镇商贸辐射孝感、黄陂、应山(今广水市)乃至河南毗邻数县,商业影响力达到顶峰,是鄂东北重要的物资集散地和商贸中心,从外省、外县来此经商的商人众多,出名的有山(西)陕(西)帮和咸(宁)武(汉)帮等。直至民国时期,仍有外地商户来此赶集,商业一度繁荣。在此期间,小河溪工商行业异常发达,汇集了缫丝、丝织、印刷、造纸、酿酒、制糖、酱园、铸锅厂、染坊、当铺、银楼、铜锡铁木竹作坊,以及布庄、粮行、京广杂货、瓷器、药铺、糕饼、屠宰、山货水果、鲜鱼蔬菜等20多个行业,并产生了一系列著名的商号,如谈裕和、李长发、张恒元和李元泰等。在那个时期,只要能够入驻小河溪一间极小极窄的门面,随便做点什么营生都能够保证一家人衣食无虞。

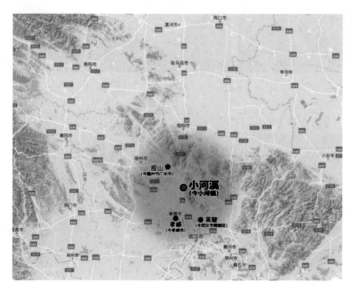

图4 小河镇明清时期的商业影响范围

(图片来源:团队自绘)

(2)小河商贸的活态现状。

小河镇虽不复当年盛景,现在走在小河镇这条老街上,仍能依稀感受到当年盛景。古街上门面大部分采用旧木门板,基本上户户开门、家家营业,售卖农具、锅具、服装等农村生活必需品。比起冰冷的古建筑,这样活态的商贸文化更能展现小河的风采与底蕴。

图 5　小河镇的手工业产品

（图片来源：团队自摄）

2）红色底蕴

小河镇红色底蕴深厚。1927 年土地革命时期，中共党组织在古街领导了著名的万人大游行，摧毁了小河分县旧政权，赶跑了县佐刘学文。1929 年春，中共孝感中心县委在古街东岳庙成立。1930 年 1 月 28 日，中国共产党领导了著名的以"小河镇明清古街"为中心的小河地区年关暴动，消灭了驻扎在古街山陕会馆的国民党反动军队。抗日战争时期，小河沦陷，古街马号场一带成为日寇据点。1941 年，新四军五师某部和小河地方武装在古街组织了一次声势较大的铲除汉奸行动，处决了日伪情报队队长卢敦谦，极大地震慑了日本侵略者和伪军。解放战争时期，古街成为刘邓大军对敌作战的重要军需供应地。

3）人文历史

小河镇人文繁荣昌盛。明崇祯年间，小河溪人傅淑训官至一品户部尚书。民国时期，革命烈士李洞章（中共小河镇第一任支部书记）1927 年在武昌英勇就义，廖承志同志亲自为其书写挽联。清朝道光年间，小河镇便建立了孝感较早的两座书院之一观山书院，该书院后来成为孝感最早的中学——孝感中学。观山耸翠、溪水洄澜、竹巷清风、妆台夜月、石桥晚眺、岳庙晨钟、菜圃连村、书声满院等小河古八景闻名遐迩，成为人们旅游观光的风景胜地。现如今小河镇又有了新街古镇、地水天泉、金盆跃鲤、银渡飞龙、石岗粮丰、花山果满、河卧双虹、渠连三库等新八景，吸引众多游客慕名前来。此外，小河镇还有胡在田、张玉义、叶云生等一批文化名家，在书法、雕花剪纸、写诗创作等领域都有所成就。

三、调研结果与问题

（一）调研结果与分析

□ 1. 历史：文化遗存丰富，历史价值极高

1）历史沿革脉络

根据史料记载，北宋时期的小河溪隶属荆湖北路，位于安州东部的溾水东侧，距南北贯通的主要道路较近，往南不远有当时商业繁盛的溾河镇。此时小河镇聚落雏形初现，沿水路、陆路形成草市（推测），聚落中有庙宇东岳庙（北宋年建）。从北宋元祐年间到明洪武年间，小河溪逐渐发展，由市入镇。由于宋元时期的积累与成长，小河镇在明、清两代发展迅速，明清政府在小河溪设置巡检司署、分县衙门与驿铺腰站，成为京师（北京）至江夏（武昌）官马驿站道上的重镇。明朝时期，小河镇名小河溪，隶属德安府，并设置巡检司署；清朝时期，小河镇名小河溪镇，隶属汉阳府，并设置孝感北部分县。此时小河镇依托京夏官马驿路发展商业，形成镇内现主街环西街，商贸高度繁荣，古镇发展达到顶峰，跃升至孝感第二大镇。清末民初，京汉铁路贯通，降低了原官马驿路的交通重要性，小河镇的商业地位逐渐下滑，日益衰微。现在，由于镇区南端省道和高速公路的建造落成，小河重新拥有了区位优势。

2）历史建筑盘查

本次调研共计调查 42 栋历史建筑，详细调研了其结构、功能、历史、故事等信息，建筑类型包括商业店铺、手作店铺、特殊建筑（供销社等）、庙宇、民居。通过调研，可以揭开小河镇的历史一角。例如：供销社代表了小河镇现代发展的历史缩影；张正太纸店蕴藏了小河镇商贸文化盛衰往事；东岳庙的功能从庙宇到小学教室再到仓库，体现了小河镇从旧社会向新社会转变的历史背景。

| 北宋时期 | 明清时期 | 清末、民国、
新中国成立初期 | 现在 |

图 6　小河镇历史演化信息图

（图片来源：团队自绘）

表 1　历史建筑调查清单

序号	建筑名称	门牌	历史功能	现状功能	房主姓氏	调研人
1	老谈渔具	247	商铺	商铺	谈氏	张浩然
2	张正太纸店	174	商铺	闲置	张氏	张浩然
3	废弃住宅	267	商铺	闲置	张氏	陈雨辛
4	延安歌舞乐队联系处	357	商铺	闲置	谭氏	冯柏欣
5	锅铺店	三街 77	商铺	商铺	/	陈心愉
6	粮站	/	粮站	闲置	/	张浩然
7	供销社	/	供销社	闲置	/	连天滋
8	东岳庙	/	寺庙	闲置	/	杜心妍
9	四官殿	/	寺庙	寺庙	/	童文娟
10	供销社	157	商铺	闲置	/	张浩然
11	酒坊	163	商铺	闲置	胡氏	罗杰
12	陶器店	170	商铺	民居	/	李文龙
13	服装店	175	管家旅店	闲置	刘氏	龚玲玉
14	服装店	176	商铺	民居	邓氏	龚玲玉
15	早餐店	178	商铺	民居	肖氏	童文娟
16	寿衣店	179	商铺	商铺	徐氏	童文娟
17	早餐店	184	商铺	民居	刘氏	罗杰
18	粮店	185	商铺	民居	/	张浩然

续表

序号	建筑名称	门牌	历史功能	现状功能	房主姓氏	调研人
19	陶器店	186	商铺	民居	/	李文龙
20	杂货铺	193	商铺	民居	袁氏	张浩然
21	服装店	194	商铺	商铺	姜氏	龚玲玉
22	牛皮绳店（旧）	195	商铺	民居	/	张浩然
23	儿童服装店	196	供销社	商铺	王氏	童文娟
24	张君理发店	197	商铺	商铺	张氏	龚玲玉
25	竹篾鱼篓店	199 201	民居	商铺	/	罗杰
26	早餐店	202	商铺	民居	李氏	童文娟
27	爽格尔美发	203	民居	商铺	刘氏	郑芷欣
28	服装店	206	商铺	商铺	/	郑芷欣
29	袁氏住宅	209	商铺	民居	袁氏	龚玲玉
30	服装店	214	民居	商铺	/	郑芷欣
31	供销社旧址	216	供销社	民居	沈氏	罗杰
32	众旺超市	217	商铺	商铺	张氏	郑芷欣
33	谈氏祖宅	218	供销社	商铺	谈氏	罗杰
34	诊所	224	商铺	诊所	/	张浩然
35	服装店	226	商铺	商铺	/	张浩然
36	百货店	230	商铺	商铺	/	李文龙
37	服装店	232	商铺	商铺	/	李文龙
38	服装店	240	商铺	商铺	/	张浩然
39	服装店	241	商铺	商铺	/	张浩然
40	万顺义药店	251	商铺	闲置	万氏	张浩然
41	床上用品店	282	商铺	商铺	张氏	童文娟
42	述斌理发	192	中医医院	商铺	/	王冠宜

（来源：团队整理）

图 7　小河镇历史建筑一览

（图片来源：团队自摄）

3）街巷信息梳理

小河镇古街部分总计 9 条街巷：1 条主街，8 条巷道。巷道都自主街而生长，从而联通主街与新街。从调研数据可以发现，主街尺度较为宜人，宽度 3 米至 9 米不等，符合小河古街作为商街的功能需求。据地方居民所述，小河巷道基本是因为建筑损毁等原因而自然形成的，因而宽度较窄，常只能容一人通过。从巷名也能窥见小河的历史信息：四官殿巷、火星堂巷因巷道历史上的庙宇得名；衙门街、马号街因古时分县衙门与驿站得名；柴巷因巷道曾作为专门贩卖木柴的集市而得名。

表 2　历史巷道调查清单

序号	街巷名称	位置	铺地形式	特色界面	街巷宽度（米）
1	主街	环西街	青石板	山墙面、正立面	3.85～8.72
2	火星堂巷	四官殿巷	青石板	山墙面	1.68～2.4
3	四官殿巷	张家书院左侧	青石板	山墙面	2～2.3
4	西后街	主街上侧	水泥地	山墙面为主	3.2～3.56
5	双桥巷	新桥上端	青石板	山墙面	3.2～3.72
6	衙门街	衙门旧址下端	青石板	山墙面、正立面	2.71～3.2
7	丰收巷	入口第一条巷	沥青路面	山墙面	5.13～5.4
8	柴巷	新街菜场入口	青石板	山墙面、正立面	2.4～4.50
9	马号街	衙门旧址上端	水泥地	山墙面、正立面	3.66～4.23

（来源：团队整理）

图 8　小河镇街巷信息及街景图

（图片来源：团队自绘、自摄）

图 9　小河镇街道界面

（图片来源：团队自绘）

□ 2. 空间：整体功能衰退，风貌新旧混杂

1）河溪：职能弱化，水质恶化

梳理小河古镇地方志、历史地图、历史文献等资料，小河古镇地处湖北省孝昌北部要冲，明清时期依托京夏官马驿路，商贸高度繁荣。小河溪水能行船，交通便利，上抵二郎畈（现大悟县城）下至长江口，既可输入南方杂货又可输出当地土特产品，是湖广地区与中原物资、文化交流的关键商埠。伴随现代交通的发展，小河古镇地理区位优势的弱化，商业发展没落，小河溪的交通功能退化，且受水环境恶化影响，不再具备通航功能。

图 10　小河溪水系现状

（图片来源：团队自摄）

2）古街：业态单一，风貌参差

通过对当地居民的访谈可知，小河古街直至改革开放仍是一铺难求的贸易之地，来古街采买的商客络绎不绝，不少商人在此发家致富。20 世纪 80—90 年代，地方政府陆续建成了环东街、政通街、府桥街等街道。为保护古街建筑，地方政策引导古街业态调整，将餐饮等服务业强制转移至环东街，交通功能转移至政通街。因此，目前在业态方面，古街较为单一均质，以服装、五金业为主，缺乏业态触媒点；交通方面，以步行和非机动车为主，节奏均质平缓；风貌方面，南端入口至古街中段新老建筑并存较多。核心段落以老建筑为主，立面风貌和谐，但部分区域仍存在新建筑立面与老建筑风貌的冲突。古街北段二层新建筑较多，风貌整体偏现代化，在高度、材质等方面缺乏协调管控。

表 3　古街空间风貌分段差异

段落	南端小河入口处	中间核心段	北段
风貌	二层新建筑、老建筑	老建筑居多	二层新建筑居多
示意			

（来源：团队整理）

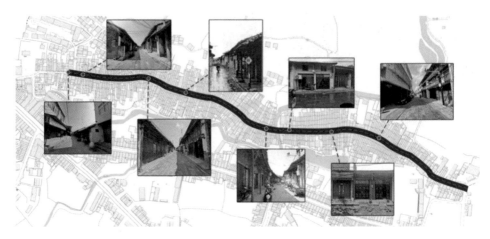

图 11 古街不同风貌段

（图片来源：团队自绘）

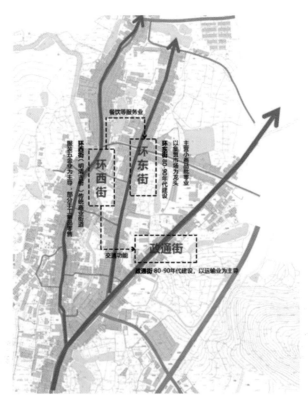

图 12 小河镇商业功能演化图

（图片来源：团队自绘）

3）建筑：风格独特，功能失衡

小河古街北有东岳庙、藏经楼、天官府、张家大院；中段有公孙桥（石桥晚眺）、四官殿；南端有胡天成、万顺义等百年老字号。居民住房大多是二层土木结构，前有1~2米宽的廊檐，古街楼与楼"同山共脊"，彼此相连，一家损则邻家危。正因互相牵制，古街原貌得以保留，成为湖北省内保存最为完整的明清古街。古街共348户，户户门脸大致相似，未见阔门高楼，即便是商贾大户，也不显山露水。屋内则大有分别，一般人家四重五重，大户则六重七重，深近100米，全街有天井近2000个。其纵深布局也尽显生意人的精明：前为商铺，中为生活区，最后则是生产作坊。生产、销售和生活空间融为一体，方便而经济。古街建筑前有2米左右的廊檐，一律用石礅墩托住杉木柱子，无论风霜雪雨，还是严寒酷暑，顾客和商家都可照常在廊檐下交易。但随着时间流逝，许多建筑渐成危房，内部功能无法满足居民现代生活需求，居民生活面临诸多不便。

图 13　小河古镇建筑现状

（图片来源：团队自摄）

□ 3. 乡情：文化活态传承，居民意识不足

1）对于部分先住民的访谈概要

团队采访了部分当地居民，询问他们对于小河古街的记忆和对古街未来的发展看法，受访者中的老人都说这条古街曾经十分繁华热闹，只不过随着时间流逝以及社会发展，古街如今渐渐没落，乃至鲜为人知。受访者中还有部分是青年人和中年人，他们对于古街的记忆则比较浅薄。

表 4 　针对小镇先住民的访谈记录

1环西街174号 张爷爷	2环西街175号 刘老师	3环西街176号 邓奶奶	4环西街178号 肖奶奶	5环西街179号 徐爷爷
自己家的祖屋，不愿被迁走，如果有实实在在做利于古镇发展的事情，愿意配合也愿意支持	祖上来这里开店，到现在儿子走了，这里也不开店了，只是偶尔来住住。旅游开发好了相信小河会复兴	房子质量不好，潮湿又倾斜，现在自己身体不好，希望镇里能够改善居住环境	老街过去十分热闹，自己在这里过去开早点铺，生意很好。现在小河不如从前了，心里有些失落	村庄一直在衰落，年轻人很少回来，想回来的有心无力，未来可能会复兴，还是得靠政府，居民大多数是安于现状的

6环西街193号 袁爷爷	7环西街194号 姜婆婆	8环西街196号 王阿姨	9环西街197号 张师傅	10环西街202号 李奶奶
现在古镇已经衰落了，有的都是私房，但很多人不住在这里，租户很多。未来十年村庄的复兴主要靠旅游，但是小河这么多年也没有什么游客	过去这里特别繁华，我们都很骄傲，现在看不到以前的样子了。平时还是喜欢住在老房子里，冬暖夏凉。做点生意也不为生计，就是给自己找点事情	在这里做小生意二十多年了，住在这里都是老邻居，都很熟悉。如果旅游开发，就打算卖点别的产品	十几年前来这里定居下来，一步步稳定下来特别不容易。非常支持对于小河的改造工作，希望更多的人来	觉得最近几年村里来的人好像多了一点，希望交通能够更便捷，对现状很知足，觉得安安稳稳生活就挺好的

续表

11 环西街 203 号 刘叔叔	12 环西街 206 号 杨阿姨	13 环西街 209 号 袁爷爷	14 环西街 172 号 谈爷爷	15 环西街 230 号 赵老师
几年前从外地回到老家,住了几年,但老街的房子太老了,过几年打算搬到自己的新房子,准备要离开这里了	是这里的租客,在这里经营服装生意,因为孩子在这边念书而在这里做生意,这几年疫情对生意还是有影响	对小河历史非常了解,希望也相信靠政府、集体、居民,小河可能复兴,可以发展旅游产业,也宣传和传承小河文化	希望开发旅游业	从小生活在这里,现在时常陪母亲回来看看。也去过很多地方,觉得很多古镇发展得太商业化了,小河还是原汁原味的好

17 环西街 216 号 刘爷爷	16 环西街 216 号 沈爷爷	18 环西街 217 号 张叔叔	19 环西街 218 号 谈爷爷	20 环西街 232 号 袁大哥
在此居住就能想起故人和家人,希望生活不要改变。在新街有房子,也还是愿意住在老房子里	居住条件太差了。如果要拆迁,一起搬走就一起搬走,不要留,房子太破旧了,等待拆迁换新房	老街确实在衰败,住的都是年龄大的人,或者在这里帮忙带孙子。年轻人就业是个问题,之前开过超市,生意也不太好了,复兴需要靠政府,也希望自己能参与旅游服务	觉得村庄在衰落,以前人多,很多人都搬到新街了。自己不会离开,如果要开发,希望采取合作的模式,保留先住民,公众参与。自己也愿意做一些力所能及的事情,希望有所帮助。希望复兴村子的老集市	同学朋友都搬走了,希望能尽力参与村庄发展,可以从事养老服务、医疗等,希望老街可以开餐馆、咖啡店之类的。有些人想回来,但是这里医疗不如市里。其实年纪大的都希望留在镇上,但是年轻的想搬出来

(来源:团队整理)

2）对于当地文化学者的访谈概要

团队还对当地的文化学者进行了采访，这些文化学者对于古街的历史十分清楚，采访过程中，他们对小河历史故事如数家珍，成员们深刻感受到这些文化学者对小河深沉的爱。

表 5　针对小镇文化学者的访谈记录

采访对象： 叶云生，男，1949 年出生，湖北省孝昌县小河镇人，曾任高中教师、机关公务员。现为湖北省作家协会会员、孝昌县政协文史资料委员会顾问，著作有《烽火澴川》《红色的土地》等。

重要访谈内容

采访组：您可以为我们讲讲小河有哪些传统的节日习俗吗？

叶云生：小河古镇在我小时候还是非常繁华的，很多的人住在老街道上，那时新街还没有建立，白天也有许多的人来到这里赶集。所以说起传统节日，不得不说元宵节。元宵节从出灯到送灯这几天是非常热闹的，到了晚上会表演秧歌舞，罗汉追狮子，滚龙灯，在东岳庙还会演一场大戏，十里八乡的人都来这里看。另外一些还有端午节的赛龙舟，也很热闹，争了第一是有不错的奖品，而要是倒数，则是抬不起头。不过这些以往很热闹的节日，现在也变得冷清了，很多活动都没有举办了。

采访组：您在传承与发扬孝感地区红色文化上做了许多的努力，对于小河的红色文化，您有什么想说的？

叶云生：小河地区在历史上发生了不少的红色革命事件，也出现了很多的革命先辈。如小河曾经发生了万人示威游行运动，摧毁了分县衙权力。发动武装暴动，反对国民党的反动统治。而革命先辈有李洞章、张伟松、张德恺等人。李洞章是孝感地区早期的共产党员，孝感地区共产党的创始人之一。后来英勇牺牲于武昌阅马场。张德恺牺牲在河南的光山战役中。

采访组：听说小河在以前是非常繁华的商业街，还有渡口码头，素有"小汉口"之称。而现在的小河古镇变得较为冷清。所以我们想问问您，小河大概从什么时候开始出现衰落的，而衰落的主要原因又是什么呢？

叶云生：小河在我小时候还是很繁华的，大概是从新街开始修好的时候，也就是 2000 年左右，店铺、人口开始向新街搬迁。那个时候，不让在古街卖肉、卖菜及从事其他一些产业，导致人口快速向新街搬迁。所以小河古镇从那个时候开始，逐渐变得冷清。

采访组：在小河这些年的发展过程中，您有什么样的感受呢？您的生活有没有什么变化？

叶云生：小河这些年的发展也是有目共睹的，变得越来越好，人们的生活水平普遍提高了，不再过以往的那些苦日子。但是老街上的人越来越少了，店铺也只剩下不多了。以前一些热闹的节庆活动也消失了。还是挺怀念以前的一些日子。

续表

采访对象：张玉义，男，1941 年出生于湖北省孝感县（今孝昌县）小河镇环西街，湖北省非遗传承人（孝感鏖花（剪纸）传人），孝昌县书画协会理事，湖北省第三届"十大杰出老人"，创作了《开国大典》、二十四孝、小河古八景等剪纸作品。

重要访谈内容

采访组：您能跟我们分享一下您创作这些作品的初衷、感受和背后的故事吗？

张玉义：剪纸，原来在 20 世纪 50 年代也就是我们年轻的时候，是拿来赚钱的，那么现在是作为一种非物质文化遗产来传承。随着现在社会技术的发展，很多手艺都渐渐要失传了，我想把我的手艺传承下去。原来剪纸剪的是花鸟草虫等东西，现在我把剪的内容变了，我叫它"红色"剪纸，剪出小河当地的风土人情，宣传党的政策，并以红色为主题，剪出长征故事、开国大典等，献礼祖国的各个重要时间节点，比如建党百年、新中国成立七十周年等等。总的来说，就是我的剪纸主题从原来的花鸟草虫变为现在的红色文化，来宣传党的政策，表现人民的精神面貌，也赋予了我的剪纸以生命力，从而将这门手艺传承下去。

采访组：您在传承与发扬非物质文化遗产、传统艺术上也做了许多的努力，对于年轻人继承发扬这样的文化瑰宝，您有什么想说的？

张玉义：每年几乎都有很多大学生来采访、学习剪纸。我是把我这个地方搞成了一个优先的平台，让大家都能来了解什么是剪纸，我也尽量到学校去授课，让更多的孩子知道、了解这一门手艺，告诉他们什么是剪纸、怎样剪纸。同时我也在带徒弟，希望能尽量广泛地把这门技艺传承下去。现在把剪纸作为职业也不现实，只能作为一种非物质文化遗产，上传下效从而传承下去。

采访组：我们这次来也是怀着让小河亮起来、美起来、活起来的想法。您对于小河的发展有什么样的憧憬和希望呢？

张玉义：小河溪的商贸繁华已不可重复，现在能做的就是保护好明清古街的文化遗存。小河是我的家乡，我肯定是希望能够配合政府的政策，美化小河。

采访组：小河这些年发展的过程中，您有什么样的感受呢？您的生活有没有什么变化？

张玉义：我打小就生活在小河，在党的关怀下，我们的生活越来越好。现在是以往从未有过的最好的时代，我希望可以通过"红色剪纸"传达我对党对祖国的热爱，也希望吸引更多年轻人关注剪纸技艺，把它一直传承下去。

（来源：团队整理）

□ 4. 民意：保护发展兼顾，旅游创新发展

本实践主要针对小河镇潜在游客与现有小河居民两类人群进行调查，结果显示，总调查人群中大部分人认为古街特色显著、保护价值极高，但是保护程度还远远不够，希望针对古街有更贴合的保护方法与对策。针对居民的调研结果显示，先住民对在古街居住这一行为仍有较高的意愿，且十分支持对古街进行旅游开发，从而为小河带来更多商业价值，提升居住幸福度。同时，先住民也很希望从事旅游开发的相关工作。针对游客的调研结果显示，仅有少数游客反复多次前来游玩，绝大部分游客是首次前来小河，且多为短期旅行，停留半天左右的时间即离开。总体而言，他们认为古街在整体上具有一定特色，但旅游业态匮乏、游玩趣味性差，很难再吸引更多外来游客。

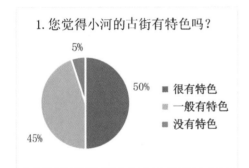

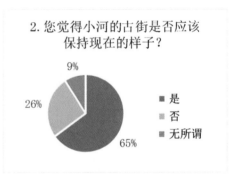

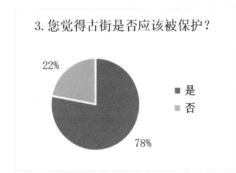

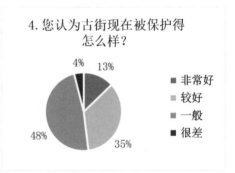

图 14　针对游客的调研问卷结果

（数据来源：问卷访谈）

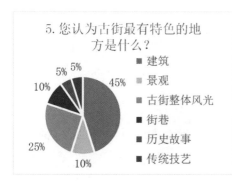

5. 您认为古街最有特色的地方是什么？

- 建筑
- 景观
- 古街整体风光
- 街巷
- 历史故事
- 传统技艺

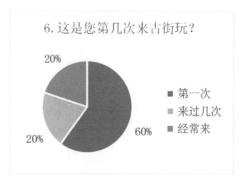

6. 这是您第几次来古街玩？

- 第一次
- 来过几次
- 经常来

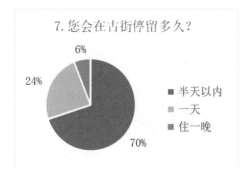

7. 您会在古街停留多久？

- 半天以内
- 一天
- 住一晚

8. 您会带自己的亲朋好友来古街玩吗？

- 会，这里挺有意思的，离武汉也近
- 不会，这里没什么好玩的
- 要是有些旅游业态，可以考虑带好友来玩

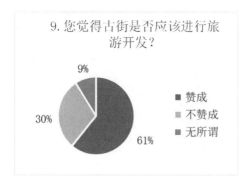

9. 您觉得古街是否应该进行旅游开发？

- 赞成
- 不赞成
- 无所谓

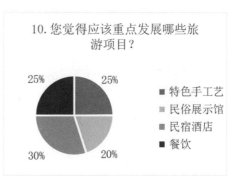

10. 您觉得应该重点发展哪些旅游项目？

- 特色手工艺
- 民俗展示馆
- 民宿酒店
- 餐饮

续图 14

1. 您觉得小河的古街有特色吗？
- 很有特色
- 一般有特色
- 没有特色

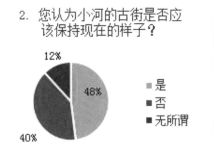

2. 您认为小河的古街是否应该保持现在的样子？
- 是
- 否
- 无所谓

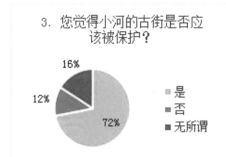

3. 您觉得小河的古街是否应该被保护？
- 是
- 否
- 无所谓

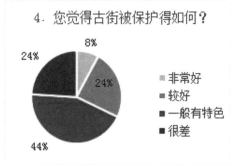

4. 您觉得古街被保护得如何？
- 非常好
- 较好
- 一般有特色
- 很差

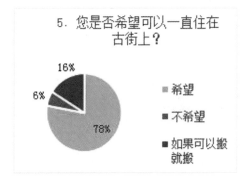

5. 您是否希望可以一直住在古街上？
- 希望
- 不希望
- 如果可以搬就搬

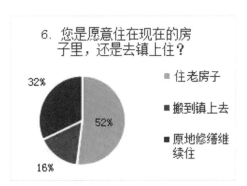

6. 您是愿意住在现在的房子里，还是去镇上住？
- 住老房子
- 搬到镇上去
- 原地修缮继续住

图 15　当地居民的调研问卷结果

（数据来源：问卷访谈）

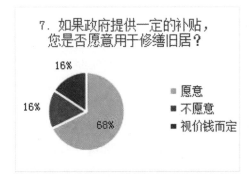

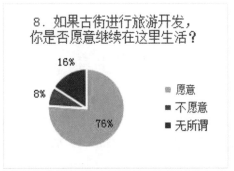

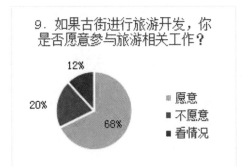

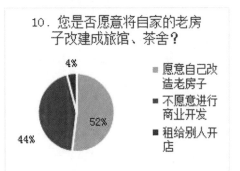

续图 15

总体来说，对于古街保护与发展的问题，大多数调研对象认为古街不能仅仅进行静态的博物馆式保护，还应该在保护的基础上进行历史资源利用与发展，做到保护与发展并重。同时建议将旅游业作为打开古街知名度的窗口，以此谋求古街长远可持续发展。

（二）调研问题与发现

□ 1. 保护意愿强烈，缺少科学设计指导

在团队调研的过程中，发现古街历史上作为一条繁华的商业街，拥有丰富的历史资源，如今却人烟稀少，街上有些建筑因常年没有人住而年久失修，房屋倒塌、屋顶渗水的情况时有发生。在古街上生活的人因常年居住于此，对古街有着深厚的感情。面对这种情况，当地居民即使有强烈的保护意愿，但由于缺乏足够的资金与专业的知识，也是心有余而力不足。同时当地政府未能及时采取有效的对策去改变古街逐渐"冷冻"的局面。因此，对于这条古街来说，

其目前急需"抢救式"保护，需要有一套完整、科学的保护体系和专业人才去支撑起古街的"活化"。

□ 2. 管理欠缺协调，发展保护存在矛盾

小河古镇于 2013 年入选"中国传统村落"名录。面对历史建筑体量如此庞大、活态而丰富的文化遗产瑰宝，地方政府十分重视保护小河历史文化遗产，投入了大量人力物力，但成效并不显著。通过深入实地走访以及问卷调查，团队发现小河古镇政府管理内部由于技术维度、管理思维、重点策略等方面的差异性，不同部门针对共管的同一治理主体存在缺乏统筹协调、各执其政的问题。以小河溪水体治理为例，小河镇的水利部门、环保部门侧重对水质的改善，却忽视了沿水驳岸的空间环境品质，导致治理后的水环境还是难以发挥优化居民生活品质的景观效应。

为更好地维系小河古街历史建筑保护现状，地方政府于 2000 年前后提出将小河古街的餐饮业等产业转移，该举措在一定程度上有效避免了火灾等安全隐患的发生，给予老街建筑更为安全的生长环境。与此同时，也造成了小河古街目前发展业态单一的现状，街巷活力缺失，难以吸引游客，经济效益低下，整体发展受阻，保护与发展的矛盾显著。

□ 3. 文化自信阙如，民间参与程度较低

在团队实地调研采访之中，发现不少居民对未来小河古镇的发展持有消极的态度。究其原因有三。其一，小河古镇商业街道功能的衰落，导致大量先住民为谋取生路，不得不进行搬迁。而搬入住户对小河历史文化的认同感远不如先住民，从而使得小河古镇街道历史文脉传承形成断裂。其二，对于小河古镇传统建筑价值的认可度，在小河古镇现有住户之中存在两极分化。一部分人（年纪稍长者）对小河古镇建筑价值认可度高，而另一部分人认为"一些破房子"不值得大费力气去保护。其三，目前小河古镇保护实践只划线、提要求，而没有实际引导及实施实际的保护行动，导致部分建筑居住功能已不能满足现代人的生活。但碍于严格的划线保护，不能做出有效的保护改造活动，使得部分居民心生芥蒂。"历史文脉断裂，价值度认可偏差，保护实践缺位"，导致小河文化自信阙如，是影响小河传承保护体系构建的重要问题。

□ 4. 旅游本底不足，缺少发展动力引擎

团队在调研过程中发现，古街现存资料记载较少，古街知名度比较低，对于古街曾经的历史故事，外面鲜有人知。除此之外，其作为一条拥有数百年历史的古街，在保存相对完整的情况下却少有游客来观光旅游，古街的知名度无法通过有效的渠道或平台打开，从而古街的保护陷入了一个围城似的困局：城外的人不知道，城内知道的人越来越少。与此同时，在当地居民和游客都赞成发展旅游业的情况下，团队调研结果显示古街并不缺乏历史资源，拥有着厚重的历史记忆。然而如何将这厚重的历史记忆传承下去、传播出去，让古街的知名度、关注度上升，成为困扰当地政府的一大难题。

此外，团队经过多日实地调研，发现古街上现存的活态店铺虽然不少，但业态多以服装、生活用品、杂货铺等为主，业态同质化现象严重。这些店铺零散分布在古街上，支撑起古街渐渐衰退的商业经济，它们更像是古街逐渐没落过程中羸弱的幸存者与孤独的守护者。单薄的业态形式无法激活古街商业活力，古街急需新的动力引擎去带动整个商业经济的发展。

四、四大专业助力小河保护传承的在地性规划设计与实践

通过对小河古街现状问题的挖掘，团队发现古街缺乏科学的规划指导。针对古街整体保护、建筑单体保护、景观保护和传统艺术保护四个方面，团队分别做出了专业的指导，同时借助媒体宣传，尝试打造小河文化 IP，以期能够为古街保护贡献一份力量。

（一）规划专业——回首历史，规划未来

规划专业主要是负责梳理小河的历史脉络，挖掘小河的历史文化，整理小河的历史资料，并且梳理小河的历史建筑信息，为小河蓝图的设计奠定基础历史背景信息。此外，在多日的实地走访中，团队成员绘制了 40 多张小河古街历史建筑图表，形成大量采访记录，这些资料都是后人进行研究的一个重要参考。

图 16　小河镇历史建筑信息汇总与保护发展规划方案

（图片来源：团队自绘）

（二）建筑专业——测绘尺度，建筑更新

建筑专业通过对古街上张正太纸店以及粮站和供销社进行测绘，得到了建筑基本信息，同时利用专业知识对以上建筑进行改造，使其衍生出新的功能。例如：团队为保护和延续古街风貌，展示小河历史文化，主要以轻度介入，保持建筑本色为改造方式，将张正太纸店改造成展陈空间；在供销社的改造上，团队在不破坏其原有的基本结构前提下，将供销社改造成了青年旅社；粮站内部空间宽裕，非常适合高校作为实践基地，为小河注入新的活力，因此在改造上，团队将其改造成了研学中心。

（三）景观专业——环境美化，景观改造

团队成员针对古街环境恶化的问题，在新老街交汇三角地块、月牙塘、中心公园、梳妆台、桥头、展陈空间等区域进行深入调研，基于居民"美观、便利、发扬小河文化"的诉求，团队保留小河八景文化，最后形成了"两线两面五线牵"的景观效果。

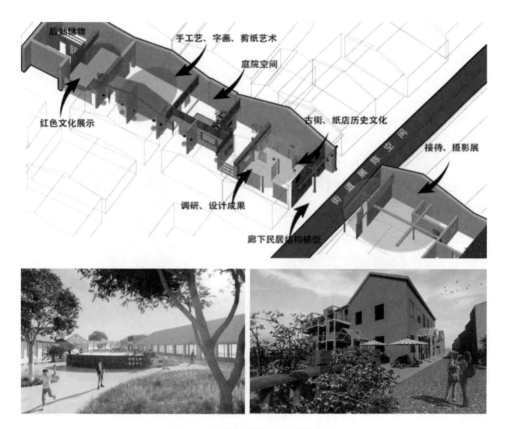

图 17　小河镇建筑改造设计方案

（图片来源：团队自绘）

（四）环艺专业——文化觉醒，艺术传承

团队在活态手作店铺调研中，调研并写生了五个活态手作店铺，并以手绘图为元素设计文创产品。在拼布活动中设计了 6 种拼布方案，最终确定了书法、不规则碎花山峦拼接、自由涂鸦三种形式，并以公众参与为理念，公众美育普及为目的，引导乡民关注美、感受美、表现美、创造美，营造人人都爱小河、装饰小河、点亮小河的氛围，为古街增阴凉、添色彩。在展厅空间设计中，负责展厅室内的展陈设计及街道展陈设计。在墙绘设计中，设计了四幅墙绘初稿，以中国风为设计风格，结合当地剪纸等手工艺为设计元素。

图 18　小河镇景观改造设计方案

（图片来源：团队自绘）

图 19　小河镇环境艺术美化设计方案

（图片来源：团队自绘）

图 20　小河镇环境提升设计方案

（图片来源：团队自绘）

（五）宣传团体：媒体宣传造势，打出小河知名度

　　针对古街存在的知名度、关注度不高的问题，团队通过微信发送推文，借助小红书、微博、抖音以及哔哩哔哩网站等媒体平台向大家介绍小河古街的历史资源，将小河优秀的传统文化艺术宣传出去，宣传内容受到广泛关注，并被华中科技大学和中国共青团杂志官方微博推送活动内容以及小河地方政府电视平台报道，使活动网络流量效应扩大，打开了小河文化的社会宣传路径，让大家能够通过多平台了解小河历史。

图 21　团队为小河镇制作的部分宣传视频

（图片来源：团队自制）

图 22　小河镇拼布活动海报与现场照片环境

（图片来源：团队自绘与团队自摄）

五、结论与讨论：小河古镇保护传承路径探索

（一）小河古镇保护传承的"多元共建模式"路径构建

通过系统全面的实地调研，高校团队为小河古镇未来发展谋划了科学蓝图，提供了设计指导服务，并积极推动开展了在地性实践活动，带动了公众参与历史文化名镇保护实践，借助媒体宣传造势，尝试打造小河文化 IP，在当地与社会上都取得了积极的效益与反响。此外，小河当地政府为团队提供了人力物力帮助，协助团队开展实地调研工作。政府的支持消除了当地人对于"陌生人干预"的疑虑与戒备，这也是调研实践活动得以成功开展的原因之一。结合丰硕的调研实践成果与问题分析以及与政府合作的实践经验与感悟，引发了团队对小河遗产保护与传承路径的进一步思考。

面对小河古镇存在的"保护意愿强烈，缺少科学设计指导""管理欠缺协调，发展保护存在矛盾""文化自信阙如，民间参与程度较低""旅游本底不足，缺少发展动力引擎"等重要问题，高校与政府合作，通过提供规划设计方案，举办在地性实践拼布活动、策划老建筑改造活化项目等，有效地解决部分古镇空间风貌问题，提高了公众对古镇文化遗产保护工作的认识与认可度，体现了多专业、多主体参与遗产保护的优势。此外，媒体宣传途径也为提高小河

的知名度提供了新思路。但高校与政府的力量有限，面对小河古镇的河溪景观
生态保护、古建筑修缮与活化等问题，仍需要住建、水利、环保等多部门协
作，也需要地方政府与企业资本合作，引入新业态等多种途径为小河古镇旅游
发展创造新动能。遗产保护需要社会力量，遗产保护工作需要多元共建。

正如2017年底，住建部门提出，要逐步形成部门协同、公众参与、法
制保障的历史文化遗产保护利用机制，形成共享、共管、共建的良好格局。
历史文化遗产保护作为社会性工作，其现实可操作性的依据是规划是否与多
元利益相关者的需求一致。多元共建是历史文化遗产保护工作顺利开展的必
然要求，也是对文化遗产完整性、在地性与活态性的重要支撑，是避免因城
市建设管理部门主导规划而产生社会矛盾、提升社会治理水平的重要途径。
由此，我们尝试探索古镇遗产保护传承"多元共建模式"路径。多元共建共
分为多主体、多部门、多途径、多专业四类，各类模式相互关联、互促发
展，是多元共建理念呈现的重要载体。其中，多主体指与小河古镇保护传承
密切相关的政府、当地居民、游客、专业人员、其他组织等；多部门指小河
古镇发展规划涉及的各层级人民政府以及政府内部的水利、城建、交通、环
保部门等；多途径包含媒体宣传、资本入驻、业态引进等，为小河古镇的知
名度提升提供有效媒介；多专业指本次调研中华中科技大学党员先锋服务队
所涵盖的建筑、规划、景观、环艺四大专业，充分运用专业力量使保护发展
建议和活动组织更具科学性。

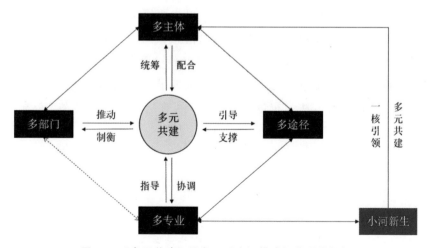

图23　"多元共建"视角下"小河模式"的逻辑框架

（图片来源：团队自绘）

此路径通过"多主体＋多部门＋多途径＋多专业"的"小河模式"，形成"一核引领、多元共建"的发展模式，在社会治理科学化的基础上，增强小河自造血功能，塑造小河名片，推动小河古镇历史文脉保护传承的永续发展。这一模式理念将会指导团队下一阶段小河实践活动，成为地方政府和团队助力"小河新生"的核心理念。

（二）总结

本研究在梳理总结小河古镇古今资源及文脉的基础上，通过访谈、问卷调查等方法了解不同主体对小河古镇现状的评价及发展的需求，探寻了小河古镇现存的历史文化、物质空间、乡情民意等方面的显著问题。通过系统全面的实地调研与实践感悟，面对遗产管理与可持续发展的现实需求，落实了"拼布、书法、绘画、布展"等在地性特色活动，提出了"多主体＋多部门＋多途径＋多专业"的"小河模式"。以期从具有代表性的"点"上形成突破，达成"以点连线，以线锁面"的整体保护效果，延续小河的历史文脉、增强先住民的地方自信、培养各主体参与的积极性，从而推动小河古镇高效的治理模式与资源的优化利用。

受到时间、天气、进度的限制，仅就古街公孙桥以南进行了深入田野调查，只对小河镇周边的堰口村进行了短暂的走访调研，因而虽研究具有较强的现实意义与价值，但研究视角、问题发现与调研结论可能仍具有一定的局限性。另外，本次调研更为注重收集历史信息、民俗文化、旅游发展等相关资料，未能全面收集各项发展数据，如经济社会发展指数、人口数量结构、公共服务设施分布等信息，也为最终结论带来了一定的局限性。在本次研究中主要运用定性分析方法，定量分析较少，可在后续研究中深入、补充。

参考文献

［1］庄程宇.湖北孝昌小河古镇研究［D］.武汉：武汉理工大学，2006.

［2］姚树荣，周诗雨.乡村振兴的共建共治共享路径研究［J］.中国农村经济，2020（2）：14-29.

［3］何依，程晓梅.宁波地区传统市镇空间的双重性及保护研究——以东

钱湖韩岭村为例［J］. 城市规划，2018，42（7）：93-101.

［4］张成龙，鲍春晓，毕琳博. 城市更新背景下历史文化街区保护与再生探究——以长春市新民大街为例［J］. 建筑与文化，2022（8）：160-161.

［5］杨可扬，仇保兴，田大江. 三方博弈下的历史文化街区保护更新策略优化研究［J］. 城市发展研究，2022，29（6）：40-44.

［6］曹曦，陈晓健. 社区营造视角下历史文化村镇的保护与发展——以柞水县凤凰古镇为例［C］//中国城市规划学会、成都市人民政府. 面向高质量发展的空间治理——2021 中国城市规划年会论文集（09 城市文化遗产保护）. 中国城市规划学会，成都市人民政府，2021：561-569.

［7］王林星，阳建强，陈文君. 从"风貌再造"到"价值重塑"的历史街区复兴研究——以青岛四方路历史文化街区为例［C］//中国城市规划学会、成都市人民政府. 面向高质量发展的空间治理——2020 中国城市规划年会论文集（02 城市更新）. 中国城市规划学会，成都市人民政府，2021：938-949.

［8］吴春磊. 文脉传承视角之下的城市传统街区更新保护策略探析——以《龙岩石埕巷整治提升规划》为例［J］. 安徽建筑，2020，27（11）：21-22，24.

［9］侯力木. 基于"拼贴"理论的传统街区特色风貌保护研究——以汝州中大街保护更新设计为例［D］. 郑州：郑州大学，2019.

［10］何冬冬. 湖北省孝昌县小河古镇空间形态研究［J］. 湖北工程学院学报，2018，38（2）：119-123.

［11］李百浩，庄程宇. 因驿而兴的湖北古镇——孝昌小河镇［J］. 华中建筑，2006（3）：133-138.

附录1　调研问卷

──────── 问卷一：针对游客的调研问卷 ────────

1. 您觉得小河的古街有特色吗？

A. 很有特色　　　　　B. 一般有特色　　　　C. 没有特色

2. 您觉得小河的古街是否应该保持现在的样子？

A. 是　　　　　　　　B. 否　　　　　　　　C. 无所谓

3. 您觉得古街是否应该被保护

A. 是　　　　　　　　B. 否

4. 您认为古街现在被保护得怎么样？

A. 非常好　　　　　　　　　　　　　B. 较好

C. 一般　　　　　　　　　　　　　　D 很差

5. 您认为古街最有特色的地方是什么？

A. 建筑　　　　　　　　　　　　　　B. 景观

C. 古街整体风光　　　　　　　　　　D. 街巷

E. 历史故事　　　　　　　　　　　　F. 传统技艺

6. 这是您第几次来古街玩？

A. 第一次来　　　　B. 来过几次　　　　C. 经常来

7. 您会在古街停留多久？

A. 半天以内　　　　B. 一天　　　　　　C. 住一晚

8. 您会带自己的亲朋好友来古街玩吗？

A. 会，这里挺有意思的，离武汉也近

B. 不会，这里没什么好玩的

C. 要是有些旅游业态，也可以考虑带好友来玩

9. 您觉得古街是否应该进行旅游开发

A. 赞成　　　　　　B. 不赞成　　　　　C. 无所谓

10. 您觉得应该重点发展哪些旅游项目

A. 特色手工艺 B. 民俗展示馆

C. 民宿酒店 D. 餐饮

———— 问卷二：针对当地居民的调研问卷 ————

1. 您觉得小河的古街有特色吗

A. 很有特色 B. 一般有特色 C. 没有特色

2. 您认为小河的古街是否应该保持现在的样子

A. 是 B. 否 C. 无所谓

3. 您觉得小河的古街是否应该被保护

A. 是 B. 否 C. 无所谓

4. 您觉得古街被保护得如何？

A. 非常好 B. 较好

C. 一般有特色 D. 很差

5. 您是否希望可以一直住在古街上

A. 希望 B. 不希望 C. 如果可以搬就搬

6. 您是否愿意住在现在的房子里，还是去镇上住？

A. 住老房子 B. 搬到镇上去 C. 原地修缮继续住

7. 如果政府提供一定的补贴，您是否愿意用于修缮旧居？

A. 愿意 B. 不愿意 C. 视情况而定

8. 如果古街进行旅游开发，您是否愿意继续在这里生活？

A. 愿意 B. 不愿意 C. 无所谓

9. 如果古街进行旅游开发，您是否愿意参与旅游相关工作？

A. 愿意 B. 不愿意 C. 看情况

10. 您是否愿意将自家的老房子改建成旅馆、茶舍？

A. 愿意自己改造老房子

B. 不愿意进行商业开发

C. 租给别人开店

附录 2　小河设计实践成果图

1. 小河历史文化名镇历史建筑信息表（环西街 175 号　刘老师家——编绘人员：龚玲玉、李文龙、童文娟）

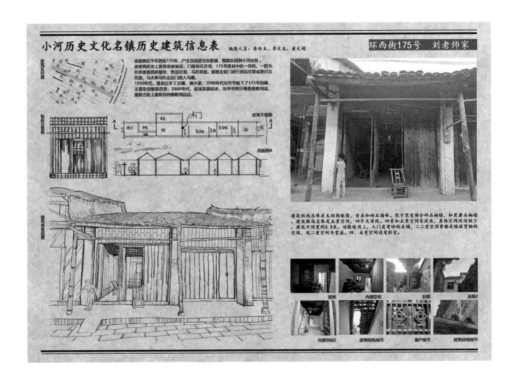

2. 小河历史文化名镇历史建筑信息表（环西街 185 号　民居——编绘人员：张浩然、何月、李卓、连天滋）

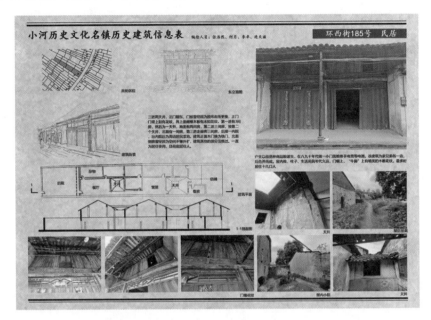

3. 小河历史文化名镇历史建筑信息表（环西街 163 号　酒坊——编绘人员：罗杰、郑芷欣）

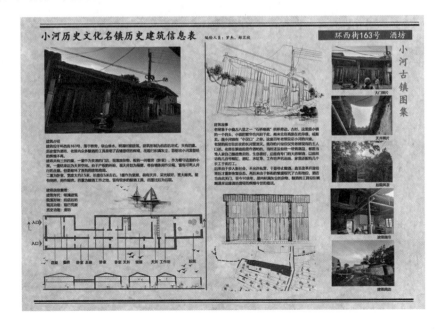

4. 小河历史文化名镇历史建筑信息表（环西街 230 号　杂货店——编绘人员：李文龙）

5. 小河历史文化名镇历史建筑信息表（环西街 196 号　儿童服装店——编绘人员：童文娟、洪百舸）

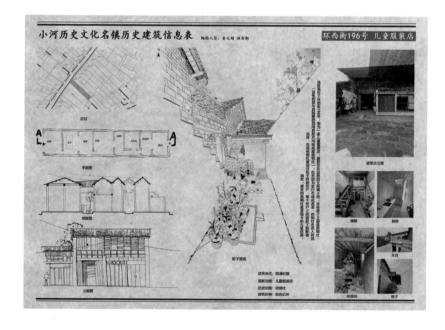

6. 小河历史文化名镇历史建筑信息表（环西街 192 号　述斌理发——编绘人员：余田、王冠宜）

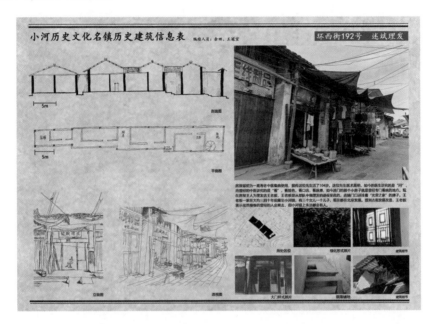

7. 小河历史文化名镇历史建筑信息表（环西街 357 号　延安歌舞团联系处——编绘人员：冯柏欣、杨美琳）

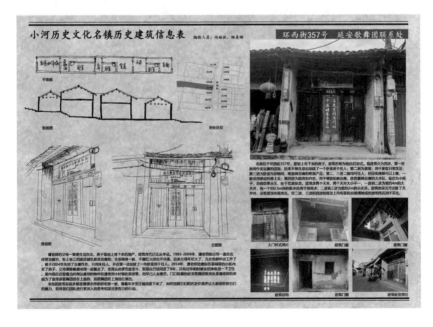

8. 小河历史文化名镇历史建筑信息表（环西街 267 号　民居——编绘人员：陈雨辛、陈银冰）

9. 小河历史文化名镇活态店铺彩绘图——绘制人：陈心愉、崔浩东

10. 小河历史文化名镇活态店铺彩绘图——绘制人：陈心愉

11. 小河历史文化名镇活态店铺彩绘图——绘制人：陈心愉

12. 小河历史文化名镇活态店铺彩绘图——绘制人：陈心愉

13. **小河历史文化名镇活态店铺素描图——绘制人：陈心愉、崔浩东**

14. 小河镇供销社青年旅社改造设计——指导老师：王振　参与设计：
何月

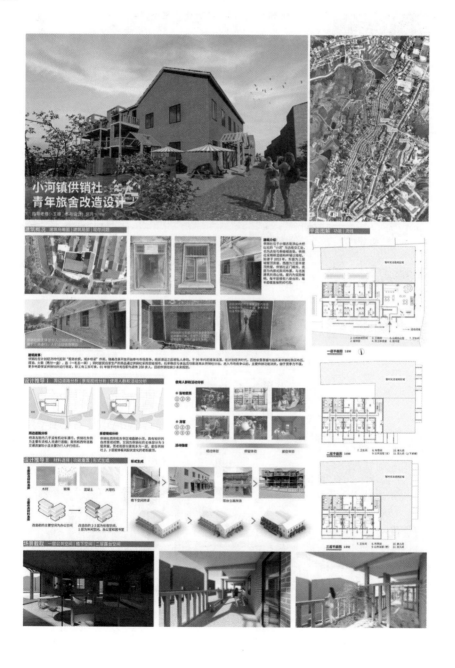

15. 小河镇粮站研学中心改造设计——指导老师：王振　参与设计：李卓

16. 张正太纸店展陈设计——指导老师：王振　参与设计：连天滋、李毓佳、崔浩东

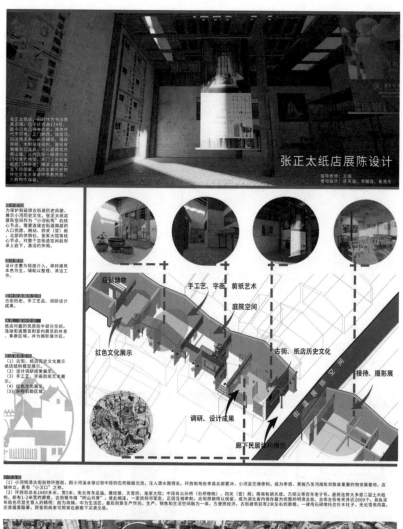

17. 小河镇景观设计——指导老师：殷利华　参与设计：王冠宜、李晓雅、余田、郭艺

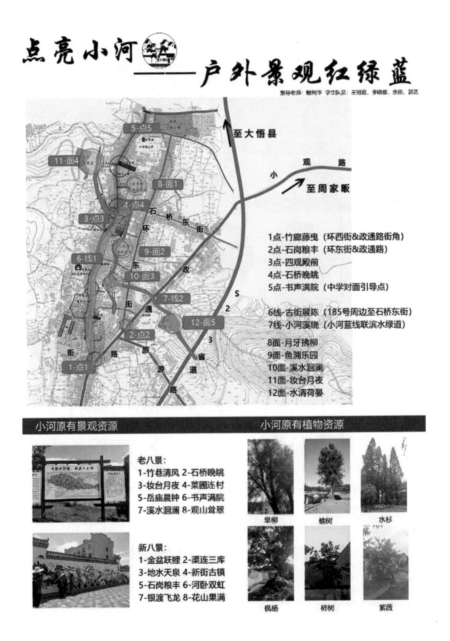

点亮小河——户外景观红绿蓝

指导老师：殷利华　学生队员：王冠宜、李晓维、余田、郭艺

小河五面景观设计

月牙拂柳

在清风中，柳树被风微微吹动，惊动起水面的一丝波澜。柳树和桃树搭配，在春夏季形成"桃红柳绿"的画面，令人赏心悦目。

"妆台月夜五更凉。"

妆台月夜

寓意小河发展越来越好，更多原地居民回溯到小河镇，为小河做贡献。

鱼溯乐园

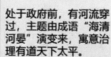

水清荷晏

处于政府前，有河流穿过，主题由成语"海清河晏"演变来，寓意治理有道天下太平。

溪水洄澜

回应古八景，借助花境和乔灌木植物配置，营造出集观赏、娱乐与休闲为一体的景点。

点亮小河——户外景观红绿蓝

指导老师：殷利华 学生队员：王冠宣、李晓维、余田、邹艺

小河两线景观设计

小河五点景观设计

| 石岗粮丰 | 四观殿前 | 石桥晚眺 | 竹廊藤曳 | 书声满院 |

18. 宣传团队作品——视频、海报、摄影作品（团队成员：罗雅倩、冯柏欣、孟宪怡、陈银冰、陈雨辛）

社会实践团队名称：

华中科技大学建筑与城市规划学院赴孝昌县小河镇党员先锋服务队

指导教师：

何依教授、孔惟洁讲师、邓巍副教授

团队成员：

学生：杜心妍、陈雨辛、陈银冰、郑芷欣、洪百舸、龚玲玉、童文娟、罗杰、张浩然、李文龙、何月、连天滋、李卓、李晓雅、王冠宜、余田、郭艺、陈心愉、崔浩东、李毓佳、罗雅倩、孟宪怡、杨美琳、冯柏欣

老师：何依、何立群、孔惟洁、邓巍、王振、殷利华、何三青、方舟、杨柳、赵爽

报告执笔人：

杜心妍、洪百舸、龚玲玉、童文娟、罗杰、陈雨辛

指导教师评语：

　　此次暑期小河调研实践队伍汇集了华中科技大学建规学院四个专业的师生，规划、建筑、景观、环艺等专业40多名老师和同学不畏酷暑，展现了对文化遗产的热爱与激情。一周时间内，师生走访了三里长街上每一栋古建筑住户，形成了充实的调研访谈记录，深入挖掘小河地方故事，认识小河特色，联合小河居民，共绘小河街景。之后集体工作半月有余，形成了大量一手资料，汇集成这篇扎实的调研报告。这篇调研报告涉及历史、空间、乡情、民意等四个方面，盘点了小河的历史脉络与遗存，总结归纳出古镇发展过程中面临的问题与困境。并从实践感悟出发，针对小河提出了"多元共建"发展路径，为共同缔造小河古镇文化景观、用历史与环境讲好地方故事献计献策，真正践行了把科研做在祖国大地上。

数字创意赋能边疆地区红色文化传播调查与实践
——以云南省临沧市为例

———— 摘　要 ————

　　随着数字技术和互联网的发展，数字创意产业已成为全球经济增长的重要引擎之一。而红色文化作为中华民族的瑰宝，是中国优秀传统文化的重要组成部分，是边疆地区的重要精神动力。红色文化与数字创意产业的融合，不仅可以为数字创意产业的发展提供新的创意和灵感，而且可以为红色文化的传承和发展注入新的活力。本实践团队旨在探索数字创意技术在边疆地区红色文化传播路径创新中的应用，以提高传播效果和吸引力。同时，以独创的"党旗领航·光耀神州"特色品牌为依托，打造临沧"百年回望"街头大思政光影秀，用实践探讨如何实现数字技术与红色文化的融合，促进边疆地区文化产业的发展。

———— 关键词 ————

　　数字创意；传播路径；红色文化；边疆地区

一、问题的提出

（一）调研背景

□ 1. 红色文化继承与传播的多元价值

　　红色文化素有广义和狭义之分。狭义的红色文化单指中国共产党在领导中国人民实现民族的解放与自由以及建设社会主义现代中国的历史实践过程中凝结而成的观念意识形式。而在临沧完成脱贫攻坚胜利，发展新时代特色社会主义的道路上的红色文化，则泛指社会主义运动历史进程中人们的物质和精神力量所达到的程度、方式和成果。

习近平总书记反复强调：把红色资源利用好、把红色传统发扬好、把红色基因传承好。红色文化是中国人民在长期的革命实践中不断地选择、融会、重组、整合中外优秀文化思想的基础上所形成的特定"文化精神"和"文化形态"。红色文化作为一种开放的文化体系，时间跨度长、涵盖内容丰富、存在于特定的边疆地区。其文化内涵与时间的发展成正比，时间跨度越长，红色文化涵盖的内容越丰富。对边疆地区红色文化资源的重新整合，有利于对红色文化资源的保护与传承。

2. 数字创意技术赋能边疆红色文化传播

2020 年 1 月，农业农村部、中央网信办印发《数字农业农村发展规划（2019—2025 年）》，提出要以产业数字化、数字产业化为发展主线，用数字化引领驱动农业农村现代化。党的二十大明确指出，实施国家文化数字化战略，健全现代公共文化服务体系，创新实施文化惠民工程。数字技术赋能是边疆文化发展的关键，也是活化边疆文化、延续红色基因的重要路径。边疆少数民族文化是我国先进文化的重要构成元素之一，在社会主义现代化建设的发展过程中发挥着重要的作用，对其进行现代化的发展和传承具有相当重要的意义。目前，我国边疆地区文化产业主要集中在旅游、古村落开发、文化小镇等传统领域，从数字创意产业角度切入的很少。已有的边疆文化建设中也以文化广场、文化站、农家书屋等基础设施为主，易出现建设理念与社会不适宜、农民文化主体性不强的问题。数字文化能够极大拓展边疆文化的内涵及外延，突破边疆文化资源的局限，发展数字文化产业可以促进边疆文化与经济的全面融合。

（二）调研目的

1. 探源：探寻红色文化根源

临沧是中国革命战争时期的重要战场，有许多红色历史文化遗迹和红色革命精神的象征性地点，例如云县革命烈士纪念碑、鲁家村、七甸抗战烈士陵园等。调研可以让研究者了解当地红色文化资源的种类、数量、保存状况和利用情况，对其进行提取与存留，建立数字资源库，并对其进行分析，进而发现和挖掘红色文化资源的潜力以及当地尚未得到充分利用的红色文化资源，为当地文化旅游业的发展提供新的思路和方向。

▫ 2. 明理：深入了解红色文化的继承与传播

通过调研，深入了解当地红色历史和文化的传播现状，提出并解决问题，进而引导广大干部群众知临沧史、讲临沧史、话临沧史，推广和宣传红色文化，让更多的人了解中国的革命历史和精神，激发人们的爱国情感和文化自信，促进社会文化和精神文明的发展。让广大干部群众在学习前辈先烈和当今英雄的事迹中争当新时代临沧先锋，不断创造"临沧速度""临沧效率"，为临沧的发展贡献力量。

▫ 3. 创新：探索数字创意赋能红色文化新路径

数字技术带来了丰富多彩的文化宣传方式，也提供身临其境的文化沉浸体验，创造了生动有趣的红色文化教育。本次调研将通过实地考察、文献阅读分析、人物采访等方式，深入调研临沧红色文化资源现状，结合团队自身方向，应用数字光影技术找到数字创意赋能红色文化，推动红色资源有效传承的创新路径。

（三）调研意义

▫ 1. 传承红色文化基因

临沧市红色文化资源丰富，但许多资源存在传承开发难度大的问题。本次调研在整理临沧红色资源的基础上，对临沧的红色文化资源与少数民族传统技艺、文物实施数字化保存和研究。一方面，利用数字化资源平台，将红色文化的珍贵文献资料进行数字化保存和共享，方便广大群众的学习和研究；另一方面，通过数字光影技术、虚拟现实技术活化红色文化，还原红色历史场景，让观众身临其境地感受历史，实现红色文化资源的数字化保护与传承。

2. 树立正确的价值观

身处"碎片化时代"的人们逐渐失去深入了解和挖掘红色文化资源的耐心和时间，存在部分人崇尚享乐主义的问题。本次实践通过对红色文化的宣传，在边疆地区普及吃苦耐劳、艰苦奋斗的红色精神，正是对乡风文明强有力的正确引导。同时，本次调研能在实践过程中开展红色文化教育，引导团队中的青年学生认识到自己的历史使命和责任，弘扬革命传统和精神，激发他们的爱国情怀和责任感，促进他们的成长和发展。

3. 助力边疆文化振兴

文化建设是落实边疆建设的一个必要前提，也是促进边疆地区发展的关键和基础。加强临沧红色文化教育，能为市民及边远地区人民精神层面的需求带来极大的满足，进而鼓舞广大人民加入到美丽边疆建设中来。此外，通过对临沧红色文化资源的保护与利用，可以持续改善当地的经济、文化和生态等方面的发展状况，最终成为脱贫攻坚成果衔接边疆振兴的有效利器。

二、社会实践田野点介绍

（一）临沧市概况

1. 基本情况

1）交通区位

临沧市位于云南省西南部，东部与普洱市相连，西部与保山市相邻，北部与大理白族自治州相接，南部与邻国缅甸接壤。地势中间高、四周低，并由东北向西南逐渐倾斜。临沧是"南方丝绸之路""西南丝茶古道"上的重要节点，是云南省"五出境"通道之一，是连接南北、贯通东西的通道之地。在建设"一带一路""孟中印缅经济走廊""面向南亚东南亚辐射中心"，推进沿边开发开放中具有无可替代的区位优势。

2）自然条件

临沧是滇西南生物多样性重点保护区，全区森林覆盖率达 76.3%。临沧境内有澜沧江和怒江两大水系，径流面积覆盖全区。水资源总量 22.84 亿立方米，是全市重要的水电能源基地。风能、太阳能、生物质能蕴藏丰富，开发潜力较大。

3）经济产业

临沧市临翔区是云南高原特色农业产业重要基地，已累计建成高原特色农业产业基地 230 万亩，茶叶、核桃、坚果、咖啡、烤烟、甘蔗等种植规模和产量位列全市前茅，是全国重点产茶县。初步形成了以糖、茶、酒、电、矿为特色的骨干产业体系，形成了以蔗糖、茶叶、核桃等为主的传统支柱产业，电子商务、增值电信、新一代信息技术服务、地理信息等新型服务业逐步兴起。

4）民族文化

临沧市少数民族众多，民族风情浓郁。本次重点考察的临翔区位于云南省西南部，是云南五出境通道的重要节点，是临沧的主城区。临翔少数民族众多，民族风情浓郁，有傣族、彝族、拉祜族等 23 个少数民族，有世居民族 11 个，素有"中国象脚鼓文化之乡""中国碗窑土陶文化之乡"的美誉。

□ 2. 红色文化概况

1）旅游资源

临沧市红色旅游资源丰富。2021 年 1 月，云南省公布第一批省级不可移动革命文物名录，临沧市共有 90 处入选，各级不可移动文物共 527 处。近年来，以沧源县班洪抗英遗址碑为核心的红色纪念体系不断完善，红色文化的保护、研究、展示、宣传和利用等工作全面铺展。临沧市制定了《临沧市 2021—2025 年革命遗址保护利用工作规划》，精心组织策划实施一批革命遗址保护利用项目，全市可常态化开展红色体验的革命遗址点已达 29 个。实施刘御故居、博尚镇、"班老回归纪念碑"、"班洪四大嫂饭店"、"第二次沧源解放区保卫战旧址纪念碑"等红色教育基地建设工作，打造阿佤山红色体验精品路线。

2）教育资源

临沧市红色文化学习教材、读物、音像作品丰富，目前红色文化主题专著共 268 本，涉及临沧党史、新中国史、改革开放史、社会主义发展史的光辉历程与感人故事。其中包括：《临沧市党史学习教育辅助读本》等乡土红色教材；临沧市委党史研究室、沧源自治县、凤庆县、临翔区等机关分别编印的《百年芳华：临沧党史故事选》《沧源大事记》《凤庆人民的奉献》《老红军蔡国铭的故事》等画册；临沧市社科联、滇西科技师范学院马列学院合编的《中国共产党百年研究文集》；《百年辉煌》《党旗飘扬》《红船驶向新时代》《学党史、悟初心、担使命》《中国共产党成立 100 周年》等党史学习电子课件 60 余个。

3）传播活动

实施"千人到革命遗址点开展活动"，在全市 29 个红色体验的革命遗址点进行在地红色文化教育。临沧籍第一位中共党员刘御故居先后接待党员干部参观学习 60 余场 15000 余人次。博尚镇红色资源保护利用项目年均接待市区党员干部学习体验 300 余场教育 30000 余人次。滇桂黔边区纵队西进部队明朗会师纪念碑和小勐统街革命宣传旧址碑等教育场所，年均组织开展红色体验活动 60 余场教育 5000 余人次。与此同时，全媒体、立体化地推介临沧党史故事。在学习强国临沧学习平台、市县（区）融媒体、手机微信公众号等大众化媒体开办党史学习教育专栏（专版），持续掀起红色文化宣传热潮。

（二）调研方法

□ 1. 文献收集与分析

为更好了解社会实践田野点，队员在出发之前通过多渠道收集文献资料，掌握临沧红色文化概况，包括学术论文、行业报告、政府文件、新闻报道等，了解临沧红色文化资源的分布情况和红色文化宣传现状，并对临沧的"四史"与红色人物做了详尽了解。此外，通过对红色文化资源保护与开发、红色文化教育等相关文献的阅读，探讨临沧市红色文化资源保护与创新发展路径，为具体开展实践与后期总结推广经验做准备。

□ 2. 深度访谈

考虑到调研实施的可行性和有效性，团队舍弃了发放调查问卷的调研方式，选择了更便于在边疆地区开展、更能深入基层的人物访谈调研方式，并且确定了三类访谈对象：政府工作人员、从事红色资源传播的工作者、当地居民。实践团队通过讨论与调整，初步制定了访谈提纲，围绕研究主题提出相应问题，并根据实践情况做出灵活调整。

□ 3. 实地考察

在临沧实地考察期间，实践团队在蚂蚁堆村"第一书记"的带领下参观了蚂蚁堆乡驿亭新村、蚂蚁堆茶厂、龙洞村组等地，开展实地调研工作，与当地村民一同开展特色党日活动。在讲解员的陪同下参观了临沧城市规划馆，全方位、多角度了解了临沧城市建设史、经济文化建设成果，并对参观讲解内容进行记录与整理。随后，实践团队利用 5 天时间，参观考察了邦东乡昔归村、中山村竹艺馆、清心陶艺陶器厂、象脚鼓"鼓王"俸传诗户等地，进行了大量的拍摄及文化采集工作。

（三）具体实践思路

□ 1. 制定实践路线，探寻红色基因

团队综合考虑临翔区红色资源分布情况、实践安排等因素后，制定了详细的日程，形成涵盖滇西师范学院、蚂蚁堆乡、临沧城市规划馆、邦东乡昔归村、中山村竹艺馆、清心陶艺陶器厂、象脚鼓"鼓王"俸传诗户的社会实践路线，其间还包括途经点的踏访，总行程为期 5 天。

□ 2. 拾取红色记忆，讲述红色故事

在临沧市，实践团队对所访地开展了红色专访，与当地群众进行访谈，听他们讲述临沧故事；还开设党课学习，与当地老党员进行红色文化交流，学习临沧精神；走街串巷进行实地参观，切身拾取红色记忆，感受到红色文化的熏陶。在过程中收集红色文化资源，并对其进行数字化保存。

□ 3. 汇集高校资源，共创红色光影

2022 年 9 月 13 日至 15 日，结合华中科技大学光影交互服务技术文化和旅游部重点实验室，联合筹办了"百年回望"主题建筑光影秀，投影面积 175 平

方米，打造了全球最大的体育馆投影秀。数字内容的制作遵循实地精准提取、远程内容活化的原理，将临沧地域文化、红色文化和民族文化等元素及内容，经由提取、活化、再现的数字化内容生产流程，使用数字光影的形式进行呈现，让线上线下的观众沉浸式感受到红色文化的魅力和临沧的风土人情。

□ 4. 记录实践之旅，留存红色精神

团队中负责拍摄影片、开展红色文化宣传工作的小组在团队实践过程中进行记录和取材，组织拍摄了此次红色之旅的视频素材，并完成剪辑，形成了纪录片。其中包括路途记录、红色专访、红色资料、地域特色等全方位内容。在剪辑、配乐、音效等方面也融合了当地特色，使纪录片更具艺术性和感染力，让观众能够深刻地感受到本次红色之旅的魅力和精神内涵。

三、社会实践发现

（一）临沧人物寻访

光影耀神州团队以滇西科技师范学院为启程点，先后深入临沧市临翔区蚂蚁堆乡驿亭新村、蚂蚁堆茶厂、龙洞村组、邦东乡昔归村、临沧城市规划馆、中山村竹艺馆、博尚镇的碗窑七彩陶瓷文化景区，调研勐准傣族文化、调研象脚鼓"鼓王"俸传诗户，与村民同吃同行，实行一日一专题、一日一总结，开展了红色实地寻访、特色主题党日活动、村民产业经济采访、特色文化资源调查。其间，我们陆续采访了6名当地具有代表性的居民，了解到临沧的自然生态、区位优势、民族风情和历史底蕴等信息，也深刻体会到了华中科技大学对临沧的帮扶，为边疆振兴谱写新篇章。

□ 1. 基层代表

1）与蚂蚁堆村党支部书记字红梅，共谈茶产业助力振兴路径

党的十八大以来的5年是临沧产业发展历史上平稳较快发展时期。全市各级有关部门把巩固提升茶产业作为贯彻"五大发展理念"、"生态立市，绿色崛起"和文化强市的重要抓手，抓住国家实施"一带一路"倡议和全球茶叶产业

转型整合升级等机遇，克服市场复杂多变的困难形势，茶叶产业发展稳中有进。

图1　蚂蚁堆村党支部书记字红梅　　　　图2　调研蚂蚁堆茶厂

2）与龙洞拉祜族村组，共谈临翔边疆地区动态

首先，临翔区人民政府副区长张发雄、蚂蚁堆村第一书记姜宗显、龙洞拉祜族村组干部及村民代表一起畅谈临沧的发展和未来的远景规划，就边疆地区实现全面脱贫后将面临的新挑战提出各自的解决方案；其次，村民们讲述了近年来乡村的飞速发展以及生活水平提升的状况；最后，在建规学院党委书记李小红的带领下，全体党员重温入党誓词，牢记初心使命，延续家国情怀。

图3　龙洞拉祜族村组村民代表　　　图4　建规学院党委书记李小红带领全体党员宣誓

□ **2. 科研团体代表**

1）与滇西科技师范学院亚洲微电影学院院长石安宏，共谈少数民族文化元素与红色文化融合

在临沧聚居的23个少数民族，这些民族往往有着与众不同的民族文化，或奇异，或有趣，都在临沧这个兼容并包的土地上熠熠生辉。石安宏院长表

示，临沧的历史文化丰富，其民俗文化、传统戏剧、民间文学、传统音乐、传统舞蹈、传统曲艺、传统美术等都饱含特色，同时希望借助本团队的学科特色，为边疆地区文化增强数字推动，打造数字边疆，弘扬优秀的地域民族文化。

图 5　滇西科技师范学院亚洲微电影学院院长石安宏　　图 6　石安宏院长讲解地区文化

2）与滇西科技师范学院亚洲微电影学院学生周蕊，共谈支援边疆深刻心得

大四学生周蕊，在毕业之际，送给自己的第一份毕业礼物，便是赴沧源县的多个佤族村寨进行边疆振兴新闻实践活动，投身边疆一线。果然，边疆振兴，更"振心"，不论是坚持多年党旗领航工程的老师，还是刚投入进来的新生，他们真诚为民的初心，无不触动当地居民。

图 7 滇西科技师范学院亚洲微电影学院　　　　图 8　调研滇西科技师范学院
　　　　　学生周蕊　　　　　　　　　　　　　　　　亚洲微电影学院

◻ 3. 文化传承人代表

1）与中山竹艺馆竹编师李志仙，共谈中山竹编百年历史

中山竹艺馆竹编师李志仙提及，中山村是一个美丽的村庄，村里盛产各类竹子，村庄拥有悠久的竹编历史。该村因地制宜，依托自身的资源与技术优势，建成了国内闻名的竹艺馆。在这里，我们看到，竹编已经走出了传统的笤箕、簸箕等日常使用的范畴，向茶具、键盘、灯饰、箱包、笔筒、

图 9　中山竹艺馆竹编师李志仙（左2）

摆件等附加值更高的产品转变。竹艺馆也为当地老百姓提供就业机会，让当地居民"竹"梦小康，"编"织幸福。

图 10　中山竹艺馆的竹编作品

2）与碗窑村罗家制陶传承人罗星青，共谈黄土孕育的土陶文化

云南建水紫陶、傣族慢轮制陶、华宁高温色釉陶、玉溪窑的青花瓷器等，在不同地域绽放异彩。其中，临沧市临翔区的临翔陶，因其陶器质地优良、刻画精细、造型端庄、坚硬耐用而闻名远近。碗窑村罗家第九代制陶传承人罗星青谈到，在近几年党的帮扶、支持与带领下，陶艺厂向外出发，终于打破了井底之蛙的顽固思想，开阔眼界，开发创新。从原来只制作锅碗瓢盆等家常器物，到如今，转向制作工艺更精的器物，贯彻落实精细化管理，切实有效地推动当地陶艺经济发展。

图 11 碗窑村罗家制陶传承人罗星青

图 12 调研碗窑村陶艺厂

3）与傣族象脚鼓传承人俸花，共谈民间乐器的独家技艺

傣族象脚鼓作为临沧市国家级非物质文化遗产，拥有悠久的历史。我们来到现代象脚鼓"鼓王"之家，与传承人俸传诗的二女儿俸花，展开了一场关于象脚鼓技艺的对话。傣族象脚鼓受傣族佛教建筑艺术和农耕文化的影响，拥有神圣不俗、选料考究、精雕细刻的特点，因而传人不多，水平各异。从侧面反映出傣族人清秀细腻、沉稳聪慧的为人品格。

图 13 傣族象脚鼓传承人俸花

图 14 非遗文化傣族象脚鼓的舞蹈展示

（二）当前边疆地区红色文化传播与实践困境

□ 1. 方式陈旧：脱离时代步伐，传承传播困难

目前临沧的红色文化宣传仍然采用"灌输"和"说教"的方法，依赖于红色文化博物馆、遗址、遗迹等场所的现场讲解，以图文、实物、雕塑等静态的红色物件展示为主，呈现方式单一刻板。少数红色革命博物馆会装配有声、光、电展览厅，但同样很难具有吸引力和感召力，只是简单地陈述历史，因此

很难具有红色精神的教化作用。观众或亲自参观红色文化场所，或由导游带领学习红色文化，缺乏新意。这种低技术含量的展示方式已经无法满足人们，特别是难以满足青年人对红色文化参观学习的需求。除此之外，绝大多数红色文化传承方式是单向输出，缺乏人与红色文化的沟通，换言之即受者缺乏参与性，使得红色文化传承脱节，从而影响红色文化的传承效果。这样的做法只会让红色文化的宣传停留于形式主义，并不能真正在整个社会培育了解红色文化、学习红色精神的氛围。造成这样的结果，归根结底还是技术在传承过程中的参与过少，使得传承红色文化的方式单一呆板，拉开了红色文化与青年人、与时代发展的距离，最终导致红色文化的传承遇到困境。

□ 2. 区位不佳：刚需资源短缺，活动开展受限

临沧红色革命遗址普遍分布在乡村地带，这对于当下的参观学习有一定的影响。红色历史遗址在全国范围内非常有限，动员群众实地学习红色文化、感受红色精神，存在一定的困难。一方面，大多数红色遗址位于地级市县城，交通和住宿条件比较有限。遇到节假日，人满为患，很难达到传承红色文化的目的。例如，井冈山和红色故都瑞金，每到旅游高峰期，该地因道路窄小而频繁发生道路堵塞。另一方面，大多数红色历史遗址是新中国成立后重建的，日晒雨淋对红色历史遗址造成腐蚀，若恰逢人流量巨大的参观，则会对红色文化遗址带来无可挽回的损坏。此外，大规模的旅游团队进入红色景区，同样也会对当地生态环境造成影响。

□ 3. 场景单一：同质现象严重，削弱文化活力

临沧市红色资源丰富，对红色文化资源的宣传设有红色革命遗址、文化展示馆、纪念馆等主动参观场所，但存在人员覆盖面不足的问题，导致文化宣传效果较弱。一方面，这些场所的红色文化展示方法与其他城市的展览馆同质化严重，缺乏足够吸引人前往的亮点。传统的宣传形式包括红色文化展览、纪念馆、遗址公园等，虽然可以较好地展现红色文化的历史价值和意义，却缺少吸引力和趣味性，难以激发人们的兴趣，从而导致利用率较低。另一方面，对于市民和游客来说，往往不具备所对应的学习目的，自我前往的内驱力不足。参观红色文化展示馆的往往是党员、学生以及历史热爱者，其他人群缺乏相应的宣传场景。

（三）关于边疆地区红色文化传播与实践的路径

在当地的几天时间里，实践团队发现当地存在的诸多文化问题，主要表现在红色文化资源利用率低、边疆地区普及难、文化传播路径陈旧三个方面，从而导致文化资源流失、文化难以活化、文化难以入乡等状况。虽然政府及地方引用了一定的数字技术开展宣传活动，但产品质量有所不足，宣传效果较弱，传播范围较小，当地的群众也缺乏文化学习意识。

充分发挥数字科技对地域文化和边疆振兴的促进作用，既离不开城乡基础设施完备建设与提档升级，也需要数字技术引领的创新性传播场景的建设。文化在数字时代的创新性传播被政府和人民知晓，数字科技才能真正赋能于人，数字时代的红利才能被人们所共享，从而促进精神文明建设，经济、社会、文化的积极作用才能得以充分发挥。实践团队根据调查结果和现场实践成效认为，可从以下三个方面提升红色文化传播能力，创新红色文化传播路径。

□ 1. 数字创意联结党中央与边疆人民——文化相通、言语相同、情感相融

促成高校与边疆地区形成创意与技术合作，借用数字媒介创意与技术为党中央与边疆人民之间的文化交流提供新的路径和方法。通过数字光影媒介，创新适应时代的文化展现形式，用数字内容打造图形语言，促进党与人民、政府与人民、人民与人民的情感交流。让边疆地区的人们更加深入地了解党中央的政策与关怀，同时也可以让党中央感受到边疆人民心向国家、心向党的强大信念。

□ 2. 创新公共文化服务空间——建立数字公共文化场所推动文化服务

临沧的红色文化资源丰富，如何让群众接触到和传承红色文化是关键问题。一方面，利用数字化资源平台，将红色文化的珍贵文献资料进行数字化保存和共享，方便广大群众的学习和研究；另一方面，通过数字光影技术、虚拟现实技术还原红色历史场景，让观众身临其境地感受历史，实现红色文化资源的数字化保护与传承。更深层次地利用临沧红色资源，对临沧的红色文化资源

与少数民族传统技艺、文物实施数字化保存和研究，并提供向大众展示文化的公共文化服务空间。

□ **3. 助推文化自信，助力边疆振兴——少数民族文化的活化、创新发展路径**

文化建设是落实边疆振兴的一个必要前提，也是促进城乡间文化平衡发展的关键和基础。加强临沧红色文化教育，能为农民精神层面的需求带来较大程度的满足，进而鼓舞边疆人民加入到美丽边疆建设中来。另一方面，通过对临沧红色文化资源的保护与利用，可以持续改善当地经济、文化和生态等方面的发展状况，最终成为脱贫攻坚成果有效衔接边疆振兴的一个利器，通过深入挖掘民族精神和保护本地少数民族文化，通过文化产业的发展推动少数民族文化的活化和创新，通过重视文化创新探索新的文化表达形式，可以助力边疆振兴，提升文化自信，为当地居民带来更多的发展机遇和福祉。

四、临沧"党旗领航·光耀神州"数字光影红色传播实践

（一）活动背景

实践团队依托文化和旅游部重点实验室建设，在持续推动数字创意技术研发与产业实践的同时，主动担负起宣传中华优秀传统文化的责任与使命，用建筑投影秀的创新形式，利用数字光影技术向更广泛的人民群众开展文化宣传。通过十余年的不懈努力，实践团队已累计在北京、天津、武汉、临沧等地上演10余场中华文化主题光影秀，吸引了超百万的现场观众，在全国范围内打响了"党旗领航·光耀神州"特色传播品牌。

（二）实现路径

在本次临沧实践中，内容的生产和创作引入 I-P-O 模型，将红色文化融合建筑投影艺术看作一个输入（Input）—处理（Process）—输出（Output）的过程，从红色文化基因提取—数字信息重构—沉浸场景营造三个方面，对

红色文化融合建筑投影艺术，最终实现红色文化体验传播的路径进行深入解剖。

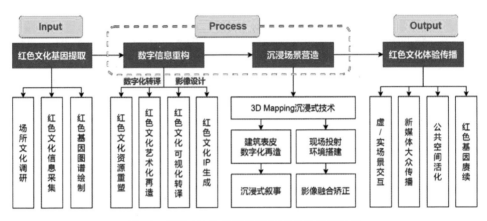

图 15　基于 I-P-O 模型的红色文化重构路径图

（三）实践内容

□ 1. 红色文化基因提取

进行场所文化调研，场所选址为临沧市体育馆，体育馆建筑面积 19342 平方米。体育馆东侧主入口广场与西河北路相连，靠近南汀河。体育馆南北两侧有疏散广场与一号路，是临沧体育运动中心最大的单体建筑。临沧市体育馆作为城市公共设施建设项目，于 2019 年建成投入使用。临沧市体育馆的建设旨在促进城市发展和边疆振兴，为贫困地区提供更好的体育和文化设施，同时也为当地经济发展注入新的动力。在建设过程中，临沧市体育馆采取多项脱贫攻坚措施，如优先聘用当地贫困家庭的劳动力，配套举办技能培训班等，为当地贫困户提供了更多的就业机会和提升技能的途径。此外，临沧市体育馆还被用于承办各类比赛和文化活动，为当地的旅游业和文化产业发展提供新的机遇和平台，积极营造健康向上的民族文化氛围，全面贯彻"七彩云南全民健身工程"，发展体育运动旅游新模式，同时也为贫困地区提供更多的文化消费选择和旅游资源。2019 年为临沧实现贫困人口和贫困村"清零"目标的脱贫获胜年，作为完成脱贫攻坚迈向新时代的代表之一，临沧市体育馆彰显了临沧政府和人民的决心，增强了民族自豪感和向心力，展现了人民群众良好的精神风貌。因此，临沧市体育馆建设不仅仅是一项体育和文化设施的建设，更是脱贫攻坚和边疆振兴的重要举措之一。

图 16　临沧市体育馆航拍图

　　临沧本地红色文化资源众多，本案例积极响应党的二十大持续抓好党史、新中国史、改革开放史、社会主义发展史宣传教育的号召，从时间上对云南临沧"四史"进行梳理。"四史"既指四门具体的历史，又指历史教育，不限于具体的"四史"本身。在文化资源采集时，以"四史"为线索，探索临沧发展过程中重要的事件与文化资源。

　　梳理临沧市的红色文化历史，了解临沧市的革命斗争历程，挖掘临沧市的红色文化资源，包括红色遗址、红色纪念馆、红色故事等。收集和整理相关的历史文献、图片、视频等资料，为红色文化基因图谱的绘制提供素材和参考。以中国共产党的活动为依据，将遗址分为革命遗址和其他遗址，临沧市有革命遗址 43 个、其他遗址 26 个。临沧红色文化是广大人民群众在中国共产党的领导下，自新民主主义革命以来，在各个历史时期形成的革命文化。中国特色社会主义进入新时代，红色文化的内涵在云岭大地上不断开花结果，脱贫攻坚精神在云岭大地得到了充分的弘扬。提取临沧红色文化基因，用前人的英勇事迹播下红色种子，通过符合时代的数字创意使红色基因在新时代不断焕发光彩。

　　□　2. 数字信息重构

　　在临沧的光影实践中，最具创意同时最复杂的工作便是对数字信息的重构。数字信息重构包含数字化转译和影像设计两个部分，前者包含红色文化资源重塑和红色文化艺术化再造，后者包含红色文化可视化转译和红色文化 IP 生成。

　　数字化转译主要是将红色文化资源进行数字化重塑，包括数字化存储、数字化分类、数字化修复等，以便更好地保护和传承这些珍贵的文化资源。将提取到的红色文化资源整理形成数字资料库，利用数字技术，将这些数字化的红色文化资源进行美术设计、艺术处理等，将其呈现出更为生动、具有感染力和艺术价值的形象，实现红色文化的艺术化再造，以便更好地吸引和影响观众，增强其对红色文化的认同感和归属感，进而促进红色文化的传承和弘扬。

　　在影像设计中，红色文化可视化转译通常包括将红色文化资源进行虚拟重建，以 3D 等数字技术呈现出红色文化的空间感和历史感，使观众能够更为直观地了解和体验红色文化。而红色文化 IP 生成则是将红色文化资源进行数字化加工，打造具有代表性的形象、角色、场景等，以便更好地进行品牌推广和文化产品开发。因其内容结构和宣传形式的特殊性，文化载体为本土标志性建筑——临沧市体育馆，所呈现出的数字内容具有独特的红色文化 IP 属性。

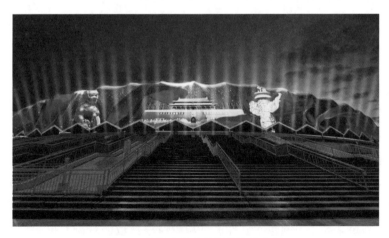

图 17　临沧市体育馆投影秀效果图

　　图片、文字、雕塑、建筑等静态的物品和信息无法传达文化的生动性和立体性，很难让人真正感受到文化的内涵和魅力。视频资料纪实性高，但内容传达冗长，人们需要花费较多的时间和精力进行观看，吸引力低。因此，实践团队将传统的静态性传播方式以建筑投影的形式进行展现，活化红色文化，使之形成一种独特的展现形式。这些数字信息重构的手段和方式，能够让红色文化更好地适应当下数字化、智能化的传播形式，提升其传播力和影响力，推动红色文化在新时代的传承与发展。

表 1　文化基因提取与转译

主题	文化提取	数字化转译	来源	备注
交通区位			龙洞拉祜族村组村民代表；滇西科技师范学院亚洲微电影学院院长石安宏	2020 年 12 月 30 日，大理至临沧铁路建成通车，实现从边境末梢到开放前沿的转身
			滇西科技师范学院亚洲微电影学院院长石安宏	处于"太阳转身"和"两洋分水"的十字路口的临沧，沿边铁路将与大临铁路在临沧站构筑起对缅开放的"黄金十字走廊"
自然资源			蚂蚁堆村党支部书记字红梅；龙洞拉祜族村组村民代表	临沧具有独特的地理区位条件，生态系统和生物物种多样性丰富，是滇西南生物多样性重点保护区域
			蚂蚁堆村党支部书记字红梅；龙洞拉祜族村组村民代表	绿孔雀是中国唯一的本土原生孔雀，属于极度濒危物种，被列为国家一级重点保护野生动物

续表

主题	文化提取	数字化转译	来源	备注
经济产业			蚂蚁堆村党支部书记字红梅；滇西科技师范学院亚洲微电影学院院长石安宏	临沧市围绕"糖、茶、果、菜"等为主导产业，创新发展新型特色产业，共同促进边疆振兴
			蚂蚁堆村党支部书记字红梅；龙洞拉祜族村组村民代表	"面积大、产量高、品质优、分量重"是临沧茶四个鲜明特点，打造临沧特色茶产业，建立特色茶文化
民族文化			文化传承人李志仙；文化传承人罗星青	南美拉祜族乡位于临翔区，拉祜族保留原始的传统民居形态，以木掌楼和茅草房为主
			文化传承人罗星青；文化传承人李志仙	佤族是以牛为图腾崇拜的民族。牛在阿佤人心目中是吉祥、神圣、高贵、庄严的象征

续表

主题	文化提取	数字化转译	来源	备注
民族文化			文化传承人俸花；文化传承人罗星青	佤族是一个能歌善舞的民族，传统乐器有葫芦笙、小三弦、木鼓等
			文化传承人俸花；文化传承人李志仙	纹样形式简练，讲究疏密有序的布局，多以条纹和几何纹样交织
			文化传承人俸花；文化传承人罗星青	临沧有23个少数民族，临沧的世居少数民族有11个，分别是彝族、佤族、傣族、拉祜族、布朗族、傈僳族、回族、苗族、德昂族、白族、景颇族
未来愿景			蚂蚁堆村党支部书记字红梅；龙洞拉祜族村组村民代表	2020年5月，临沧成为全省率先实现整市脱贫的州（市）之一，开辟了一条属于临沧人民自己的脱贫道路，前路繁花似锦

续表

主题	文化提取	数字化转译	来源	备注
党旗领航			蚂蚁堆村党支部书记字红梅；龙洞拉祜族村组村民代表	践行"八月回信精神"，不忘初心，牢记使命
			龙洞拉祜族村组村民代表	喜迎二十大，永远跟党走，奋进新征程

□ 3. 沉浸场景营造

建筑光影秀是一种以建筑物为媒介，通过灯光、音乐、影像等元素的组合，展现出内容所传达的历史、文化、艺术等内涵的一种表现形式。该案例以临沧市体育中心为影像载体，该建筑为横向延伸的几何建筑，投影面长 175 米、高 26 米，呈弧形，且结构性线条多，投影覆盖与画面融合难度较大。通过多次测量，最终采用 16 台 30000～40000 流明的工程投影机投影横向双层拼接，利用边缘融合无缝拼接技术，呈现出真正意义上的无缝拼接且极具整体感的超大影像画面。

在 3D Mapping 建筑投影艺术设计中，首先基于对具体建筑的分析、影像的创作和投射技术的认知，再配合相应场景光坏境条件的优化，进行分析和设计。不论是影像创作的开始还是设计完成后方案的检视，都需要基于"真实"的环境进行体验、分析和校正。

实践团队在"醉美临沧·亚微之光"的 3D Mapping 建筑投影中，涵盖了投影前期规划、投影数字内容设计、投影仪（数量、照度、融合）—投影距离—光环境—形—色—影像校正等全流程参与。充分考虑其多类型知识在光影实践中的最优匹配形式，遵循"感知—认知—决策—行动"的认知和能力的基

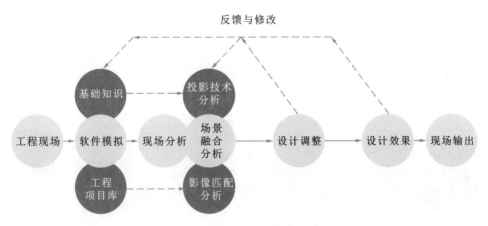

图 18   3D Mapping 实践原理

本规律。包括基本的建筑模型、机位调整、异形校正，还有投影影像、环境光干扰等要素。影像投射方案设计包括投影仪机位的距离调整、投影仪光颜色、光强度、光照范围、影像定位模板、异形校正分析等技术要点。

1）建筑表皮数字化再造

首先需要对临沧市体育馆建筑表皮进行数字扫描，将现有建筑的形态、材质和纹理等信息以数字化的形式获取。然后通过数字技术进行三维场景仿真设计。三维场景建模使用 3DMAX 进行模型设计和搭建，运用 Vray 渲染器进行贴图优化、烘焙。真实还原建筑表皮结构，实现数字化高保真效果，数字还原与实际建筑匹配度达到工程级。

2）现场投射环境搭建

需要预设投影仪机位、投影距离、投影仪光色、照度、光照范围调整，以实现最佳画面显示。由于是空间视觉的观看，数字光影存在最佳视点，而最佳视点的设置只有和投影机架设点以及虚拟相机视点实现三位一体才能精准匹配。通过最大化控制及缩小三点的相对误差，确保建筑光影数字内容的完整呈现。

3）影像融合矫正

临沧市体育馆采用钢筋混凝土框架结构，建筑主体为一个弧形穹顶，穹顶的直径达到 103 米，由 33 根钢梁支撑，并覆盖 ETFE 薄膜。白色薄膜成像效果好，但流线型弯曲的形体和高度不一突出的钢梁结构导致光影成像比扭曲变形严重。通过异形校正分析，用 Watchout 等媒体播放软件进行几何校正，依

图 19　光影秀现场功能区域图

据体育馆物理结构进行影像空间匹配调整。而后，采用工程项目影像源文件校正影像视频，实现影像动效与建筑表皮结构精准重叠，以呈现出裸眼 3D 的视觉效果。

4）沉浸式叙事

通过数字技术重建历史场景，制作动态化、艺术化的红色主题文化，让观众亲身体验革命先烈们的英勇事迹，更深入地了解红色文化的内涵和意义。在讲述历史红色文化的同时，也可以强调临沧新时代的快速发展和脱贫攻坚取得的巨大胜利，进一步彰显临沧在推进全面贯彻边疆振兴战略上的信心和决心。形式的创新带动内容的创新，将重构的数字信息通过数字技术和互动设计手段，在建筑中进行精准呈现。使观众置身于虚拟场景中，让他们身临其境地感受叙事内容。与传统的叙事方式相比，沉浸式叙事更能使观众产生主动参与和被动参与，能够让观众更加深入地了解和体验故事情节，提高叙事的吸引力和影响力。

□ 4. 红色文化体验传播

在这样一个展现临沧新时代成果、彰显临沧人民精神面貌和文化底蕴的场所，利用数字光影的形式进行场所活化，不仅让临沧市体育馆焕发出新的生命力，还让本地历史及红色文化得到了更加深入、全面、立体的传承和展示。一方面，实现了临沧市体育馆和红色文化的虚实场景交互，让党的光辉经由建筑表皮传达给现场观众；另一方面，在数字光影活动中，通过多角度全程记录进行数字存档，并形成适合大众传媒的短视频在互联网中发布，进一步扩大了传播范围。结合现场和网络双重传播路径，让更多人了解临沧的红色文化和历史记忆，实现文化精神的更好传承和弘扬。

（四）传播效果

2022 年 9 月 13 日至 15 日，在临沧市体育馆的"超级大屏"上打造了"百年回望"街头大思政光影秀，创造了体育馆投影秀之最。团队用光影秀的形式回望了党的百年征程，重温了"习近平给云南省沧源县边境村老支书们的回信"，展现了临沧现代化建设成果与边境百姓的幸福生活。此次街头大思政光影秀用光影艺术赓续红色基因，表达了临沧各族人民牢记使命、永远跟党走、奋进新征程的坚定信念。

图 20　临沧市体育馆投影秀现场　　图 21　临沧市体育馆投影秀现场观众

这场盛大的光影秀一经演出，便在人民网、《临沧日报》、云南网、华中科技大学、长江网、临沧文旅抖音号等各大媒体平台上被争相报道，总点击量高达百万。不仅在当地产生了巨大的反响，还吸引了全国各地人们的关注。这对于临沧市红色文化宣传和推广，以及临沧市文化旅游业的发展具有重要意义。同时，这也表明数字技术在文化传播和推广中具有巨大的潜力和优势，可以通过数字媒体平台将红色文化传播到更广泛的受众群体中。

图 22　媒体报道截图

█ 五、总结与讨论

□ 1. 挖掘边疆地区红色文化资源与民族精神

从红色文化资源内容与分布来看，临沧市红色文化资源丰富。2021 年云南省公布第一批省级不可移动革命文物名录，临沧市共有 90 处入选，各级不可移动文物共有 527 处。红色文化是我们党团结和领导各族人民在革命、建设和改革中形成的宝贵精神财富，是极具中国特色的先进文化，蕴含着丰富的革命精神、进步意义和厚重的历史文化内涵。实践团队本着对红色文化资源的保护与传承的初心，结合专业所长，激活红色力量，铸成红色品牌，传承红色基因，感悟民族精神。

□ 2. 赋能边疆地区红色文化资源保护与传承

从数字创意角度来看，数字技术的赋能为红色文化的传播与实践提供了新的路径和方法。然而要注意的是，这种融合不能盲目加入技术要素。在推进数字创意赋能边疆地区红色文化过程中，需要因地制宜地以文化创意为核心、数字技术为手段，根据地方特色文化提出具有传播性与可行性的创意方案。除此之外，通过数字化媒体的宣传与传播，丰富红色文化的传播形式，有效地利用数字技术为边疆地区红色文化资源保护与传承再添动能。

3. 践行实践育人理念，上好"行走的思政课"

从调研角度来看，实践团队以华中科技大学暑期"三下乡"社会实践为依托，独创"党旗领航·光耀神州"特色传播品牌，开展"二十大回望百年路——从武汉到临沧"的社会实践。在前期筹划过程中，实践团队数十次召开服务队全体队员工作会议，就调研目的、调研开展方式和调研资料梳理等问题进行阐释和部署，确立探索数字创意赋能边疆地区红色文化新路径的目标。团队深入祖国的大西南，将思政课堂搬到了边疆地区，让学生在社会实践的同时接受思政教育，把青年学生紧密团结起来、组织起来、动员起来，党旗领航，责任以行。

4. 探索实践红色文化传播的光影新路径

从实践角度来看，华中科技大学自 2013 年起定点帮扶临翔区，开展一系列帮扶工作。实践团队深度参与其中，意在探索如何使临翔地区的文旅项目更具落地性，以数字媒体的方式将特色民族文化传播出去。实践团队结合自身研究方向与专业特色，将数字光影技术应用于红色资源保护与传承中。跨越 2000 多公里，以临沧市体育馆的"超级大屏"为载体，以灯光渲情，以色彩传意，让观众沉浸式体验大美临沧的独特魅力，探索出数字创意技术在边疆红色文化传播中的路径，提高了红色文化的传播效果和吸引力。

社会实践团队名称：

华中科技大学建筑与城市规划学院党员先锋服务队光影耀神州分队

思政顾问：

党委书记李小红、副书记何立群

指导教师：

蔡新元教授、张健教授、肖然讲师、王玥辅导员

团队成员：

陶梦楚、王康、尤毅恒、王泠然、袁梵、夏小萌、邱雅平、张恪、于千滋

报告执笔人：

王康、陶梦楚、韩梦露

指导教师评语：

华中科技大学自 2013 年起定点帮扶临翔区，不遗余力开展一系列帮扶工作，建规学院深度参与其中。本次社会实践调研活动联合临翔区人民政府、滇西科技师范学院，开展系列合作和实践探索，切实做到讲好临翔边疆故事、多民族文化故事、华中大帮扶故事。围绕本次社会实践调研活动，团队成员通过文献收集与分析、深度访谈、实地考察等方式，多角度了解该地区红色文化传播的真实情况，以学科视角分析目前所面临的问题，并运用专业所学，创新性地提出数字创意赋能边疆地区红色文化的传播路径。同时，以独创的"党旗领航·光耀神州"特色品牌为依托，打造临沧"百年回望"街头大思政光影秀，用实践探讨数字技术与红色文化的融合。不仅为数字创意产业的发展提供新的创意和灵感，也为边疆地区红色文化的传承和发展注入新的活力。

此次党员先锋服务队滇西一行，同学们在社会课堂中"受教育、长才干、做贡献"，在立德树人、课程思政融入专业课教学的重要指导下，上了一堂实践育人的"思政课"，提高了青年学子的爱国热情，振奋了他们的民族精神，更加坚定了他们用专业知识服务国家建设的理想。

国土空间规划引领下泛红色文化地区的
乡村振兴路径分析

国土空间规划对构建乡村振兴新格局具有指导约束作用。本实践团队聚焦泛红色文化地区村庄规划编制工作，以贵州省遵义市金鼎山镇莲池村为调研实践地点，基于国土空间规划的编制方法，采用文献调研、访谈调查、问卷调查和实地考察等调研方法，结合建筑测绘与 ArcGIS 地理分析技术，获得了莲池村自然本底、社会经济、基础设施、建筑风貌和政策民情等五大板块丰富而翔实的规划编制基础资料。通过分析研判，得出莲池村在未来发展中拥有的五大优势和面临的四大挑战。在此基础上，实践团队为莲池村编制出 70 页的《金鼎山镇莲池村村庄规划（2021—2035）》概念设计方案，统筹问题导向与目标导向，从空间、产业、设施、政策等多个方面为莲池村未来的发展找到了一条独特的泛红色文化地区村庄发展道路。

乡村振兴；泛红色文化地区；国土空间规划；乡村规划；产业发展

一、问题的提出

乡村是具有自然、社会、经济特征的地域综合体，兼具生产、生活、生态、文化等多重功能，与城镇互促互进、共生共存，共同构成人类活动的主要空间。[①] 在我国社会主要矛盾转变为人民日益增长的美好生活需要和不平衡不充分的发展之间的矛盾，以及我国城镇化发展进入高质量发展阶段的双重时代背景下，支持促进乡村发展是实现"两个一百年"奋斗目标和中华民族伟大复兴中国梦的必然要求。乡村发展，规划先行。在中国共产党成立一百周年的重要时刻，我们前往红色革命圣地遵义市，发掘泛红色文化地区村庄发展潜力，以国土空间规划统筹村庄发展空间，在深入学习红色精神、全面调研村庄发展现状、充分评析村庄发展瓶颈的基础上，为泛红色文化地区村庄寻找一条符合实际的村庄发展道路。

（一）调研背景

□ 1. 国土空间规划改革

2018年3月17日，第十三届全国人民代表大会第一次会议正式批准了《国务院机构改革方案》。改革方案宣布组建自然资源部。这为生态文明建设这一关系中华民族永续发展的千年大计奠定了制度和组织保障，进一步树立和践行了绿水青山就是金山银山的理念。根据《中共中央 国务院关于建立国土空间规划体系并监督实施的若干意见》《自然资源部办公厅关于加强村庄规划促进乡村振兴的通知》等文件精神，国土空间规划应遵循"五级三类四体系"总体框架，在城镇开发边界外的乡村地区应由乡镇政府组织编制"多规合一"的实用性村庄规划。实用性村庄规划的编制重点在于：统筹城乡发展，有序推进村庄规划编制；全域全要素编制村庄规划；尊重自然地理格局，彰显乡村特色优势；精准落实最严格的耕地保护制度；统筹县域城镇和村庄规划建设，优化功能布局；充分尊重农民意愿；加强村庄规划实施监督和评估。

□ 2. 乡村振兴工作推进

2018年1月2日，《中共中央 国务院关于实施乡村振兴战略的意见》发布。该意见指出，实施乡村振兴战略，是党的十九大做出的重大决策部署，是

---

① 《中共中央 国务院印发〈乡村振兴战略规划（2018—2022年）〉》，《人民日报》2018年9月27日第1版。

决胜全面建成小康社会、全面建设社会主义现代化国家的重大历史任务，是新时代"三农"工作的总抓手。2021年2月25日，习近平总书记在全国脱贫攻坚总结表彰大会上指出：我们要切实做好巩固拓展脱贫攻坚成果同乡村振兴有效衔接各项工作，让脱贫基础更加稳固、成效更可持续。对易返贫致贫人口要加强监测，做到早发现、早干预、早帮扶。对脱贫地区产业要长期培育和支持，促进内生可持续发展。

□ 3. 革命老区振兴发展

2021年2月20日，国务院印发《关于新时代支持革命老区振兴发展的意见》。该意见提出，支持革命老区在新发展阶段巩固拓展脱贫攻坚成果，开启社会主义现代化建设新征程，让革命老区人民逐步过上更加富裕幸福的生活。具体包括四方面的举措：巩固拓展脱贫攻坚成果，因地制宜推进振兴发展；促进实体经济发展，增强革命老区发展活力；补齐公共服务短板，增进革命老区人民福祉；健全政策体系和长效机制。

结合以上背景，华中科技大学建筑与城市规划学院积极响应党中央号召，组建教师与学生联合的党员先锋实践队赴贵州省遵义市金鼎山镇莲池村开展实践调研，为乡村振兴建言献策。

（二）意义与目的

□ 1. 扎根中国大地，服务重大需求

结合党中央及有关部委关于乡村振兴的重大战略部署，本实践团队深入老少边穷地区，立足专业优势，送规划下乡，送设计下乡，为祖国西部红色革命老区实现乡村振兴贡献力量。

□ 2. 坚持党旗领航，实践锻炼成长

本实践团队坚持党旗领航，在社会实践的生动课堂中进一步加强党性教育、强化责任担当、提升专业水平。

□ 3. 牢记初心使命，践行殷切嘱托

本实践团队牢记习近平 2010 年在华中科技大学考察时对党员先锋实践队发挥党员先进性和模范带头作用的嘱托，将延续十多年的党员先锋实践队旗帜继续传承下去，与祖国同行，和时代共进，深入乡村一线调研，为贵州省遵义市金鼎山镇莲池村这一泛红色文化地区村庄寻找一条切实可行的发展道路，引导村庄改变产业发展思路，统一村居风貌，用"苦干实干"之笔描绘出乡村振兴的美丽画卷。

（三）核心词释义

□ 1. 国土空间规划下的村庄规划

按照 2019 年 5 月发布的《中共中央 国务院关于建立国土空间规划体系并监督实施的若干意见》，我国国土空间规划应遵循"五级三类四体系"总体框架。"五级"即纵向看，对应我国国家级、省级、市级、县级、乡镇级五级行政管理体系；"三类"即规划的类型，分为总体规划、详细规划、相关的专项规划，其中村庄规划属于详细规划范畴，强调村庄规划编制的实用性；"四体系"即编制审批体系、法规政策体系、技术标准体系、实施监督体系。

□ 2. 泛红色文化地区

泛红色文化地区是相对于红色文化核心地区这一概念而言的，即指土地革命战争时期和抗日战争时期，在中国共产党领导下创建的革命根据地的行政管辖下，没有实际相关革命事件发生过的地区。贵州遵义包含若干红色文化核心地区村庄和数量更多的泛红色文化地区村庄。

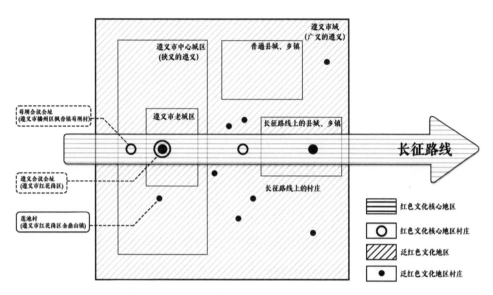

图 1　基于中心地理论的红色文化核心地区与泛红色文化地区辨析图

▌二、调研实践方法与田野点介绍

（一）研究方法

□ 1. 文献调研法

通过对《习近平新时代中国特色社会主义思想学习纲要》、《中共中央 国务院关于实施乡村振兴战略的意见》、遵义市红花岗区政府工作报告以及红花岗区金鼎山镇莲池村各类官方基础材料的学习研究，总结出莲池村开展乡村振兴工作的现实基础和预期发展方向，并针对村庄发展可能出现的问题在国土空间规划层面提出应对措施。

□ 2. 访谈调查法

对遵义市播州区苟坝村和花茂村的游客、乡村产业从业者进行访谈，深入了解红色文化核心地区乡村产业发展现状。同时基于对泛红色文化地区村庄莲池村的客观认识，以代表座谈、深度采访的形式对莲池村村民进行访谈，了解当前泛红色文化地区村庄乡村振兴工作规划、推进现状以及预期成果，深入了解村民对乡村振兴工作的认知和评价，挖掘现实之中隐藏的问题。

□ 3. 问卷调查法

向莲池村相关企业工作人员、村民、村干部等发放问卷，获得乡村振兴工作的客观量化数据和主观评价数据，为规划方案铺垫事实基础和民意基础。

□ 4. 实地考察法

实地考察和对比红色文化核心地区苟坝村和花茂村与泛红色文化地区莲池村的村庄发展现状，结合泛红色文化地区村庄的现实情况和第三次全国国土调查数据，对村庄公共设施点进行逐一勘察并更新记录数据。走访乡村主要产业生产现场，就产业发展现状采访相关负责人，对典型民居进行红外激光测绘，并通过电脑建模，制定建筑改造设计策略等。

（二）田野点介绍

作为泛红色文化地区村庄，莲池村位于贵州省遵义市金鼎山镇西北部，距遵义市区 20 公里，距金鼎山镇 4 公里。全村辖 14 个村民小组，截至 2020 年底，村庄户籍人口 6764 人，常住人口 3996 人。全村整体呈"多山丘坝夹溪水，林地田地三二分"的空间特征。由于独特的地形地貌，莲池村主要实行的是"坝子经济"，主产水稻、玉米、油菜、洋芋，主要经济来源是生产折耳根、辣椒和劳务输出。近年来，莲池村引进龙头企业"红菇粮"发展食用菌产业，帮助农业龙头企业"永康绿""新绿兴"等做大做强，试点推广乡贤引进的特色"林下经济"，取得很好的效果。长征文化、国酒文化、金鼎山佛教文化、海龙屯世界文化遗产等文化要素在莲池村聚集、交融，形成了文化认同的圈层，为乡村推行全域旅游提供了本底，有利于当地全面推进产业融合发展。

（三）社会实践思路

□ **1. 通过比较调研的方式，探索泛红色文化地区与红色文化核心地区乡村振兴的差异**

在操作过程中，以泛红色文化地区村庄莲池村与红色文化核心地区村庄苟坝村（苟坝会议召开地）和花茂村的发展情况进行比较调研，因地制宜地为泛红色文化地区村庄寻找乡村振兴途径。

□ **2. 以国土空间规划技术方法，为泛红色文化地区村庄提出乡村振兴策略**

一是认识当地地理特征与国土空间格局，识别乡村本底，挖掘特征潜力；二是导入产业，结合不同地理特征导入不同产业；三是创新设计，提出具有特色的空间格局、村居风貌和村庄环境营造策略。

三、泛红色文化地区村庄规划

（一）调研工作回顾

本次调研活动前后共计用了 7 天时间。实践团队在区、镇、村三级机构的支持下，完成了基础资料收集、村民民意座谈、产业调查、集中内业编制等多项事务。

表 1 实践团队在莲池村的社会实践时间线（2021 年）

日期	工作内容
7 月 12—14 日	收集基础资料
7 月 15 日	上午：村民座谈听民意 下午：分组调研明现状
7 月 16 日	上午：归纳整理补缺漏 下午：深入访谈看产业
7 月 17—19 日	集中内业编规划 学术交流论方案

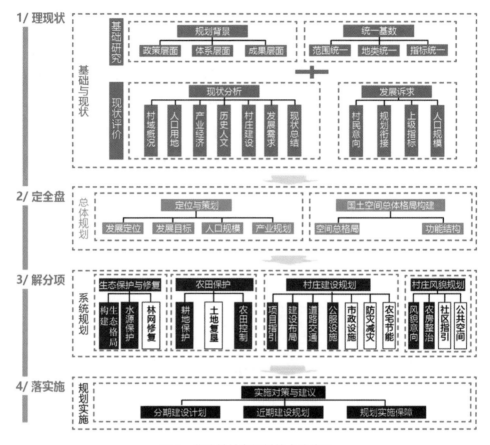

图 2　莲池村村庄规划技术路线图

（二）调研问题总结

□ 1. 村庄振兴历程

　　莲池村前村支书闵廷刚谈到村庄的发展情况时非常感慨。他曾在采访中说道："之前想通过土地流转的方式引进产业，提升土地附加值，但是由于交通不方便，没有人愿意接手。"在脱贫攻坚过程中，受基础设施建设滞后的影响，道路不通、沟渠不畅、河道污淤等问题成了困扰莲池村发展的"绊脚石"。但在红花岗区委区政府的部署和支持下，莲池村以决战脱贫攻坚为抓手，结合自身得天独厚的人文历史与自然资源，探索出了一条"农旅一体化"的发展新路子。

1）组组畅通，夯实基础

莲池村基础设施建设滞后造成了劳动力的大量外流，进而导致土地、农田渐次撂荒，留守儿童、空巢老人问题加剧。由于山路崎岖、交通不便，通过土地流转的方式引进产业、提升土地附加值的方式也行不通。2013 年以来，莲池村加强交通设施建设，打通了各村民小组之间的交通阻塞。从 2014 年起，红花岗区对莲池村进行重整规划，先后实施农业综合开发、莲池新天地建设等几个重点项目。新修水池、新安水管、新建水渠等多个"新"齐头并进，人居环境改造、乡村环境美化、生活污水治理等多项工作扎实开展。

2）产业进村，促进增收

基础设施建设滞后是制约莲池村发展的关键。在这一"梗阻"被打通后，莲池村凭借生态优势，迎来了发展新机遇。2017 年，莲池村引进龙头企业，通过以点带面、示范带动的方式推动当地农业产业结构调整，引领农业产业向着规范化、规模化和农旅一体化的方向发展。并通过土地流转等方式带动周边农户参与其中，共同致富。目前，该村已经发展了多个村集体经济项目，吸引了很多外流的家乡人才回乡发展林下经济、坝区集约化种植业等，生产规模持续扩大，品牌形象不断提升。在多方联动下，莲池村"三位一体"的立体农业布局已初具雏形。

3）乡村旅游，注入活力

乡村振兴不仅要"看得见山水"，还要"记得住乡愁"。莲池村坚持红色传承，推动绿色发展，按照"产村一体、景村融合"的思路，在补齐基础设施短板的同时，将农业生产与休闲旅游有机结合起来，全面推进产业融合发展，做足"农旅一体化"发展文章，形成了莲池产业发展带，为该村乡村旅游业的长远发展筑牢了根基，并且吸引了大量外出的年轻人回乡就业。

□ **2. 村庄发展问题研判**

1）发展定位不明晰

莲池村虽然取得了脱贫攻坚战的胜利，但也积累了不少问题。一是在修建仁遵高速的背景下，村庄旅游业的客流来源有待梳理；二是曾经引入的经果林项目在莲池村并不适用；三是在遵义市中心城区周边的众多乡村中，莲池村与其他村庄之间的同质化竞争特征非常明显。总的来说，莲池村面临着发展定位不清晰的问题。

2）基础设施待升级

结合第三次全国国土调查数据来看，莲池村中包括健身广场在内的不少公共设施已经废弃。与此同时，在村民代表座谈会上，众多村民表达了对生活型服务设施的极大需求。结合村庄产业发展需要以及其他地区乡村建设的有益经验来看，莲池村要实现乡村振兴，必须首先更新和完善配套的基础设施。

3）配套政策须完善

村庄发展需要在土地流转、产业运营和村民收益三个方面制定完善的配套政策。而目前莲池村的相关配套政策在实际操作中存在着或多或少的问题，需要针对性地进行梳理，制定出与村情相符合的配套政策。

（三）莲池村发展现状

□ 1. 基本情况

1）地理区位

莲池村位于贵州省遵义市红花岗区金鼎山镇。从区域视角来看，莲池村背靠成都和重庆两市，是成渝双城的避暑胜地；从省域层面来看，莲池村位于贵州城市群中遵义圈层的中心；从遵义市域层面来说，莲池村处在遵义西部城郊的仁遵高速节点位置，交通条件便利。

2）国土空间与自然本底

自然资源部组织实施的第三次全国国土调查数据显示，莲池村村域总面积达到16.70平方公里，农用地占94.33%，其中林地占比达到57.67%，给莲池村发展林下经济奠定了基础，耕地占比32.97%。建设用地占比4.81%，宅基地占建设用地的81.12%，形成了"万亩林田千亩居"的国土空间总体格局。建设用地和水域分别占总用地的0.91%和0.81%。

莲池村位于大娄山山脉腹部，山地垂直差异明显，全村地势南北高、中部低，由两侧向中部倾斜，形成"V"形河谷和低丘坝子地貌区，耕地比较分散。村域海拔高差为487米，域内最高点海拔为1395米，最低点海拔为908米。全村一般地形高差为 300～500 米，海拔高差大。村域内国土空间要素各具特色，呈现"多山丘坝夹溪水，林地田地三二分"的空间特征。

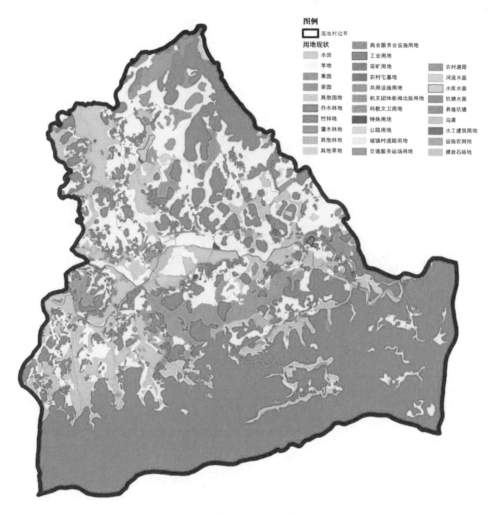

图 3　莲池村用地现状图

（数据来源：第三次全国国土调查）

3）社会经济

　　莲池村辖 14 个村民小组，至 2020 年底，村庄户籍人口 6764 人，常住人口 3996 人，常住人口呈现持续减少趋势。相比其他村庄，莲池村的二孩、多孩生育率较高。

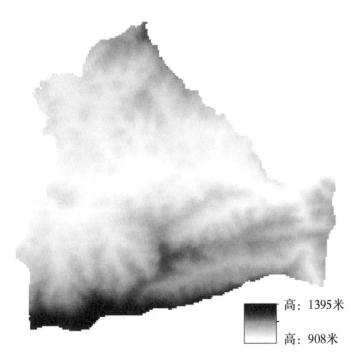

高：1395米

高：908米

图 4　莲池村地理高程数据模型

表 2　2013—2020 年莲池村人口统计表

年份 （年）	常住人口		户籍人口	
	常住人口数 （人）	增长率 （%）	户籍人口数 （人）	增长率 （%）
2013	4561	—	6197	—
2014	4615	1.2	6246	0.8
2015	4395	−4.8	6566	5.1
2016	4240	−3.5	6660	1.4
2017	4315	1.8	—	—
2018	4223	−2.1	6745	—
2019	4087	−3.2	6739	−0.1
2020	3996	−2.2	6764	0.4

（数据来源：2013—2020 年金鼎山镇户籍人口自然变动情况统计表）

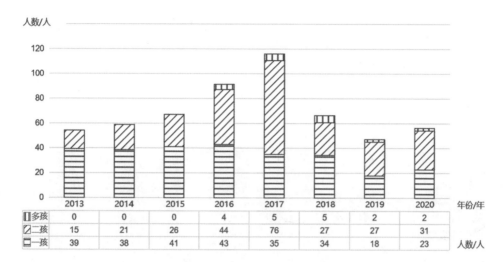

人数/人	2013	2014	2015	2016	2017	2018	2019	2020
多孩	0	0	0	4	5	5	2	2
二孩	15	21	26	44	76	27	27	31
一孩	39	38	41	43	35	34	18	23

图 5　莲池村 2013—2020 年常住出生人口数柱状图

（数据来源：2013—2020 年金鼎山镇户籍人口自然变动情况统计表）

　　调研数据显示，莲池村农民年人均纯收入在一万元左右，来源于莲池村现有的农业、畜牧业、制造业和旅游业。其中，农业分布范围很广，包括下庄坝的苦瓜、萝卜、辣椒种植，后山村民小组的经果林种植，以及红岩水库附近村民小组的传统种植。除此之外，莲池村盛产水稻、玉米、洋芋等主食，以及折耳根、辣椒等经济作物。畜牧业主要分布在保民小组，村民自主养殖鸡鸭鹅猪，形成了规模化的林下养鸡场示范点。村内现有一家矿泉水瓶塑料厂和一家老木水组钻宝塑料有限公司，承载着村庄的制造业。近年来，随着遵义市一日游经济的流行，莲池村的旅游业不断发展，传统的农家乐基地、主打生态观光的"莲池·新天地"、适合观赏传统民居风貌和体验传统民俗活动的苗寨部落等，为城市居民提供了周末假日休闲的好去处。

图 6　莲池村的农业种植

图 7　莲池村的经果林

　　莲池村周边的历史文化要素众多。其所在的遵义市红色文化和长征文化众所周知。周边茅台酒镇的出名，吸引了越来越多推崇国酒文化的游客。此外，周边的赤水丹霞世界自然遗产地、金鼎山佛教文化景区和海龙屯世界文化遗产地也吸引了大量游客。

　　4）配套设施

　　部分配套设施如下。

图 8　停车场

图 10　党校

图 9　山顶输水管

图 11　采石场

图 12　燃气配送站

图 13　下庄小学

图 14　活动中心（一）　　　　　　　图 15　活动中心（二）

图 16　塑料工厂　　　　　　　　　图 17　水源保护地

2. 发展目标

1）上位规划解读

根据《贵州省国土空间总体规划（2021—2035 年）》，莲池村所在区位条件优越，面临很多发展机遇：西部陆海新通道使莲池村与重庆建立了更密切的联系，也让莲池村成为成渝双城联系中不可跨越的节点；莲池村位于黔北有机农业区，拥有发展农业的优势条件；莲池村毗邻海龙屯世界文化遗产地以及红色圣地——遵义会议会址，周边旅游资源丰富，客流量多。

根据《遵义市城市总体规划（2008—2030）》，莲池村位于遵义市城区辐射圈，属于城郊型村庄，有利于承接遵义市的产业资源；莲池村还处在金鼎山区-大阪水城郊旅游明星镇，旅游资源丰富。

2）意愿诉求

在前期调研过程中，本实践团队分别对村民委员会、村民小组代表和本土企业家进行了深度访谈，了解他们的意愿诉求。我们了解到，村民委员会主要想依托上位规划和政策的优势，通过产业融合和生态农业两把抓，促进村庄经济稳步发展；村民小组代表作为村庄最核心的主体也表达了他们最关心的利益问题，他们希望能进一步改善公共服务设施，提升村庄道路的通达性，盘活现有农用地，实现农业生产的现代化，为村民带来稳定、可观的收入；本土企业家则希望能够得到政策的扶持，实现产业的规模化、有机化，并进一步吸引人才，为产业发展注入高新技术，深入挖掘当地文化底蕴，把产业做大、做强。

3）他山之石

目前，国内越来越多的村庄走向田园综合体的发展道路。要走好田园综合体的发展道路，必须精准定位发展目标和合理规划产业布局，权衡好保护环境和发展产业之间的矛盾。在现有的田园综合体之中，江苏省无锡市阳山县的田园东方，占地4.2平方公里，与长三角的车程在3小时以内。其拥有"中国水蜜桃之乡"的称号，以生态高效农业、农林乐园、园艺中心为主体，打造体现花园式农场运营理念的农林、旅游、度假、文化、居住综合性园区，形成"现代农业＋休闲旅游＋田园社区"的产业体系。四川省成都市的多利农庄，距离成都市中心有1小时车程，是"都江堰精华灌溉区"。其深入挖掘农业特色，形成"农业＋休闲＋康养"的产业体系，将多利农庄打造成"都市市民的农庄""乡村创客的造梦乐园"。云南省保山市隆阳区田园综合体，距离大理3小时车程，是著名的滇西粮仓。其形成"四大主要农产业＋旅游＋生态"的产业体系，旨在打造集农业观光、休闲娱乐、传统文化展示于一体的田园综合体。山东省临沂市沂南县朱家林田园综合体，在济南、青岛的三小时生活圈内，是全国粮食生产先进县，其发展了"现代农业＋休闲旅游＋田园社区"的产业模式，打造了一个融创意农业、农事体验、田园社区于一体的田园综合体。

可以发现，这些先行发展的田园综合体项目大多距周边大城市3小时车程以内，一般已形成具有一定知名度的农业品牌或规模化的农业基础。在发展过程中，它们以农业为基础，将优势特色产业作为主攻方向，延长、壮大优势特色产业链条，探索农业综合开发渠道，同时深入挖掘村庄主题特色。如果当地没有深厚的文化基础，就需要在长期的投资过程中植入文化特色。

这些田园综合体的发展经验包括：从充分利用优势农业资源和大力开发文

旅资源这两条线出发,确定产业体系培育目标和重点;深入挖掘本地农产品核心优势,以做强做大优势农产品为中心,形成围绕优势农产品的生产、加工、创意展销一体化的产业链;基于核心农产品、特色景观、文化资源,创造品牌IP,创造文化休闲体验;在严守生态红线、保护基本农田的基础上,不以牺牲农业生产为代价,引导农业现代化、高效化发展,并与旅游休闲产业结合;坚持以人为本的理念,兼顾村庄发展的合理诉求,做到人与自然和谐共存;传承村庄文化,在保护村庄的基础上,深入挖掘自然特质、农耕文化、地域文化,做到精细开发;保持区域活力,扭转单一的保护思路,为生态功能区注入人的感知,丰富生态地区的功能内涵。

□ 3. 现状总结

经过前期的资料查询和实地走访,我们总结出莲池村发展具有的五大优势和面临的四大挑战。五大优势包括:① 内外部交通便捷,实现了高效联通;② 低丘平坝,适宜发展林下经济;③ 喀斯特地貌种类多元、景观奇特;④ 处于红色文化与国酒文化辐射圈,文化底蕴较好;⑤ 代际联系紧密,新生趋势向好,村民归属感强。四大挑战包括:① 规模化、集约化产业发展乏力,亟待有机化转型和特色化提升;② 日间经济低端,夜间经济不足,旅游产业链有待延伸;③ 文化特色挖掘不足,旅游客源难以长期维持;④ 农村基础服务设施覆盖面须进一步提升。

基于以上分析研判,本实践团队提出了村庄规划发展的目标定位:在文化认同上,打响红色文化和国酒文化的名片,将莲池村发展成全域文化圈层的节点,吸引遵义市乃至全国喜好文化旅游的游客;在产业发展上,进一步发展有机生态农特产品,将莲池村发展成有机生态农特产品基地,实现产品定制化供给,以"品牌+创意"延伸产业链;在生态保护上,树牢底线意识,守护好生态红线和永久基本农田保护线,利用喀斯特地貌自然风光,打造都市人的康养家园。

（四）莲池村村庄规划

本实践团队在前期调研基础上,结合莲池村实际,编制了《金鼎山镇莲池村村庄规划（2021—2035）》。

□ 1. 国土空间格局

1）一核两轴四组团的村组结构体系

本实践团队将村庄划分为西北、东北、西南、东南四大重点村民小组组团，以莲池村委会驻地为村域综合发展中心，以高速连接线为轴线打造"产业带动引领轴"，以301县道为轴线建成"镇村联动发展轴"，贯通金鼎山镇—莲池村—松林镇，推进区域协同发展，最终构建一核两轴四组团的村域空间格局，优化村域空间结构，实现村庄联动发展。

图 18　莲池村村民小组空间结构体系
（实践团队绘制）

2）生态安全格局

本实践团队为莲池村建构了"两屏一河多廊多点、平坝低丘高山沟渠"的生态安全格局。其中，台古山和白云台山构成了村域内两道天然生态保护屏障，一条东西向的洛江河和若干条南北向的沟渠串联村域水系，分布于坝区的多个低丘小堡组成独特的喀斯特地形生态。构筑生态安全格局，保护生态空间，是让绿水青山变成金山银山的根本保障。

图 19　莲池村生态空间格局

（实践团队绘制）

3）农业空间格局

村庄以莲池新天地为中心，带动村域六大农业生产区和九大农业发展基地的发展，形成"一心六区九基地"的农业空间格局，在保护基本农田的基础上优化农业空间。其中，莲池新天地作为莲池农业发展中心，集农业生产、加工、展销等于一体，是莲池村目前对外展示的主要窗口。北部有机药材种植先导区、中部林下经济培育区、东部农旅联动体验区、南部特色果林发展区、西部梯田农耕示范区和西部大棚种植生产区充分利用当地自然资源，既各具特色，又得以发挥各地优势。山地中药种植基地、田园风貌种植基地、林下有机养殖基地、林下生态种植基地、农旅康养体验基地、田园观光农业基地、大棚种植示范基地、有机稻田种植基地、特色林果种植基地等九大基地，基于村庄原先的产业基础，重点培育特色产业，优化提升产业格局。

图 20　莲池村规划产业分区图

（实践团队绘制）

4）永久基本农田保护与水源保护地

上位规划显示，莲池村有 407.6 公顷的基本农田保护任务。村庄整体位于水源保护地划定范围内，除东南片区为准保护地之外，其他区域均为水源二级保护地。因此在制定村庄规划过程中，本实践团队认真贯彻《基本农田保护条例》和《饮用水水源保护区污染防治管理规定》，守好底线，严格落实保护基本农田和控制水质的目标，全域统筹、因地制宜发展农业并做好水源保护规划。

图 21　永久基本农田分布图

（数据来源：第三次全国国土调查）

图 22　水源地保护级别示意图

（实践团队绘制）

□ 2. 设施支撑

1) 道路交通设施规划

莲池村现有道路系统相对完善。301县道横穿村域中心，成为村庄对外联系的主要道路，内部各村民小组之间也实现了组组通。但结合莲池村村庄发展定位，莲池村在道路交通设施方面仍有改进和提升空间，主要的营造策略为：补环线，造景观，增车位。

首先进行道路修建工作。村庄内部各村民小组之间交通联系已较为完善，但南部大娄山山脚尚未修建道路，规划新建三段村庄道路，以便村民出行。其次开展环线完善工作。现有路网仍以301县道为主干，但从县道延伸出去的支线之间尚不连贯，需要对这些路网进行完善。再次进行道路升级工作。保民北至301县道段的乡村道路车流量渐增，为满足交通需求，应对该路段进行升级，主要内容包括拓宽道路宽度、增加会车点等。最后落实道路景观工作。为满足产业发展需求，通组道路和县道两侧应适当增设路灯，栽种行道树和地被植物。

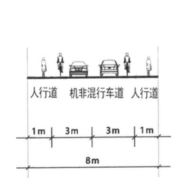
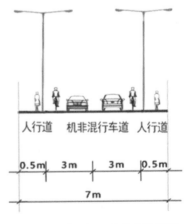

图 23　301县道/规划升级拓宽道路横断面　　图 24　规划升级景观道路横断面

2) 公共设施规划

在综合考虑村民于座谈会上发表的意见和对第三次全国国土调查关于莲池村的数据进行实地勘探复验的基础上，本实践团队在两名老师的指导下，对莲池村各类公共基础设施进行统筹考虑，将村域内的村民小组划分为四大组团，以组团为单位布置各类生活性公共服务设施。在布置过程中重点考虑以下原

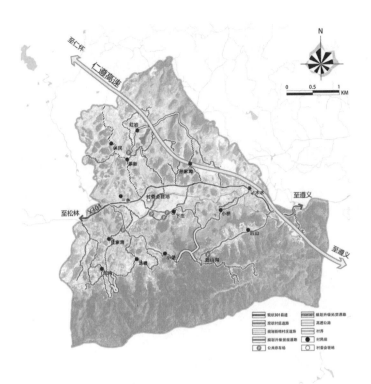

图 25　道路系统规划图

（实践团队绘制）

则：① 集约化配置；② 以需求为导向；③ 遵循《乡村公共服务设施规划标准》及有关法律法规。

表 3　莲池村公共服务设施布局规划表

设施类别	设施名称	数量		所在村民小组	备注
		总量	增加		
教育设施	小学	1	0	下庄	维持维护
	幼儿园	2	0	下庄、村委会驻地	维持维护
医疗设施	卫生站	1	1	村委会驻地	非独立用地，与村委会结合
体育设施	健身广场	7	3	红岩、保民、三角、下庄、旦家湾、后山沟	红岩、保民、三角原址翻新；下庄升级提升；旦家湾、后山沟规划新增

续表

设施类别	设施名称	数量		所在村民小组	备注
		总量	增加		
文化设施	电子阅读室	1	1	村委会驻地	非独立用地,与村委会结合
商业服务设施	农机汽修站	1	1	三角	独立用地
	综合超市	3	3	村委会驻地、旦家湾、下庄	独立用地
交通设施	停车场	5	2	革新、下庄、旦家湾、后山沟	山沟、旦家湾规划新增
行政管理设施	村委会	1	0	村委会驻地	维持维护
	党校	1	0	村委会驻地	维持维护

图 26 莲池村公共服务设施布局规划图

(实践团队绘制)

◻ **3. 产业引导**

在产业策划上，主要考虑大棚蔬菜、食用菌种植，即采用"公司＋农户"模式，引进龙头企业"红菇粮"发展食用菌产业。公司租用农民的坝区农田，雇用农民劳作。农民的收益分为两种：土地租金，每亩地 400 元/年；受雇工资，80 元/天。此外，亦可考虑发展水稻油菜轮植。

莲池村产业发展如今主要存在两大问题。一是食用菌本土特征不明显，同质化竞争严重，有机特征没有得到彰显，市场尚未打开，出现食用菌闲置现象；二是大棚种植运营成本上涨，且未与第三产业结合，现有产品附加值低，产业效益有待提升。

在产业发展路径上，可考虑发展有机特色农业，延伸产业链，逐步打开市场；实施智慧管控，提升信息赋能水平。具体措施包括：① 种植当地特色产品，推进大棚改造升级，采用高新技术，提升品牌知名度，提高市场占有率；② 研究深加工产品，延伸产业链，提倡"农业＋互联网"认养营销模式，积极发展农村电子商务，依托现代物流扩大产品销售范围；③ 建立农业物联网云平台和农产品质检追溯平台，打造高品质、高科技、高附加值的精品农业。

图 27　集约化种植业产业链

(实践团队绘制)

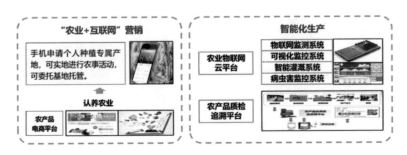

图 28　智慧农业应用

(实践团队绘制)

4. 产业空间分布

1) 坝区种植业

坝区种植业产业空间分布规划中，田园风貌种植基地占地 36 公顷，主要种植水稻、油菜等，观赏价值与经济价值兼具；有机蔬菜种植基地占地 31 公顷，主要种植苦瓜、辣椒、西红柿、茄子等；食用菌种植基地占地 12 公顷，主要种植香菇、木耳、平菇等。

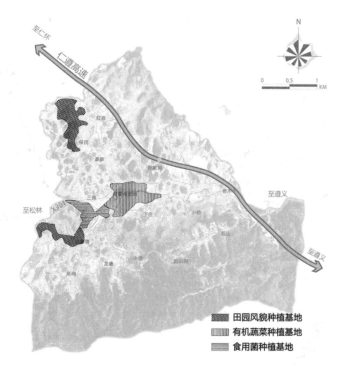

图 29 坝区种植业产业空间分布规划

（实践团队绘制）

2) 低丘生态种养殖产业

（1）产业基础。

莲池村成立了林下有机鸡养殖示范基地。其存在两大优势：一是坝区低丘的独特地形形成了一个个小山堡，易于围山放养有机鸡，并防止黄鼠狼等天敌的入侵；二是有机鸡的排泄物是天然的有机肥，能够改良山与山之间农田土壤的品质，缓解土壤板结等土壤问题。

有机鸡产业的利润率很高,以有机乌骨鸡为例,常规饲养 70 天,售价 10 元/千克;而饲养 70 天加放养 30 天,售价 70 元/千克。一个 0.4 公顷的小山堡可养殖 1000 只有机乌骨鸡。因此,利用一个小山堡和 30 天时间可提升 60 元/千克的产品价值,以每只有机乌骨鸡均重 3 千克来算,可增加 18 万元的产业利润。

(2)现存问题。

一是品质保障问题。肉鸡在运输过程中应保持良好品质,但由于现有养殖规模有限,如果采用全过程冷链则无法实现应有的效益。二是生产水源问题。规模化养殖可能会面临突发性水源问题。三是市场销售问题。高品质有机鸡的市场需求较大,但目前的微信销售渠道面向的客户源较为有限,需要完善产销链条以进一步满足市场需求。

(3)产业发展路径。

产业发展路径之一是规模化产销有机鸡菌,需要具备以下条件。

条件 1:规模养殖。加快建设高标准、规模化的有机鸡养殖基地,充分发挥村内林下有机鸡养殖示范基地的示范带动作用,扩大有机鸡养殖基地规模,提升产业效益。积极提升科技服务水平,优化有机鸡产业结构,实行规模化、标准化生产和科学饲养,保持品牌优势,抵御市场风险。

条件 2:链条延伸。补全多元化有机产品的标准化与快速化生产链条,挖掘有机肉鸡、有机鸡蛋等产品的市场潜力,在规模化养殖的基础上,补全贮藏、运输、销售等产业链条,提升产品附加值。

条件 3:高效流通。积极拓展销售渠道,依托合作社和农产品公司,以及仁遵高速入口的便捷位置,通过电子商务进一步推进订单化生产,实现产销精准对接,实现莲池有机鸡在遵义市范围内的迅速流通。全力打造莲池有机鸡品牌,以地形优势为基础,强化有机鸡质量安全管理,提高产品质量安全水平,打造遵义知名品牌。

产业发展路径之二是多元化种植林下菌药,需要具备以下条件。

条件 1:多元种植。加快建设高标准、多元化林下菌药种植基地,种植黑木耳、红托竹荪、灰树花等菌菇药材,发挥"林+菌"模式的示范作用,与大棚菌菇种植基地有效联合,实现菌菇多元化生产。积极提升科技服务水平,推进科技示范户改良林下、永续利用的种植模式研究工作。

条件 2:链条延伸。促进林下菌药与三产融合,大力发展森林康养、休闲农庄、医药科普教育等新型农业业态。

条件 3：品牌打造。全力打造莲池"生命力"产品品牌，结合有机肉鸡、有机鸡蛋、有机蔬菜等，以"生命力"为导向形成产业联动，强化质量安全管理，提高产品质量安全水平，打造莲池村富有"生命力"的农产品品牌。

（4）产业空间布局。

针对有机鸡养殖示范基地而言，初步规划 24 公顷用地。相比传统养殖，24 公顷小山堡可以在 30 天时间内使有机鸡产品提升 60 元/千克的产品价值，产业年收入有望增加 1296 万元。

针对林下菌药种植基地而言，初步规划 23 公顷用地。以红托竹荪为例，按照每公顷产菌 18750 千克来算，做成干竹荪有 1875 千克，而干竹荪售价为 1000 元/千克，总产值可达 4312.5 万元。

低丘生态种养殖产业空间分布规划如下。

图 30　低丘生态种养殖产业空间分布规划

（实践团队绘制）

3）丘陵经济作物产业

（1）产业基础。

北部丘陵地区主要为旱地，中部丘陵地区主要为经果林，南部丘陵地区主要为水田。目前的丘陵经济作物主要为玉米、水稻、经果林等。

（2）现存问题。

一是市场问题。经果林品种一般难以打开市场，缺乏竞争力。二是技术问题。果树种植技术有待改善，村民需要技术上的指导。三是收益问题。村民抗风险能力较低，产业未形成规模效益，整体收益一般。

（3）产业发展路径。

丘陵经济作物产业发展路径如下。

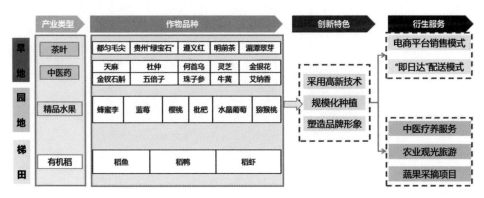

图 31　丘陵经济作物产业发展路径

（实践团队绘制）

旱地丘陵地区打造茶文化和中医疗养品牌；园地种植中高端精品水果，加强品牌化建设，增加产品附加值；梯田采用稻鱼、稻鸭等种养模式，主打无污染、有机食品主题；采用高新技术进行规模化种植，充分利用电商平台和未来建成的仁遵高速公路，发展现代物流配送服务，拓宽销售渠道。

（4）产业空间布局。

北部旱地规划面积 85.32 公顷，其中西侧茶叶基地 47.69 公顷，东侧中医药园 37.63 公顷；中部果园规划面积 118.61 公顷，分别种植蜂蜜李、蓝莓、枇杷等中高端水果，既可作水果，又可药用，增加产品附加值；南部梯田规划面积 72.98 公顷，其中左侧梯田 61.04 公顷，配合北面坝区田园风貌种植水稻和油菜，右侧梯田 11.94 公顷，结合田园旅游和森林康养打造具有体验性的有机稻农田。

丘陵经济作物产业空间分布规划如下。

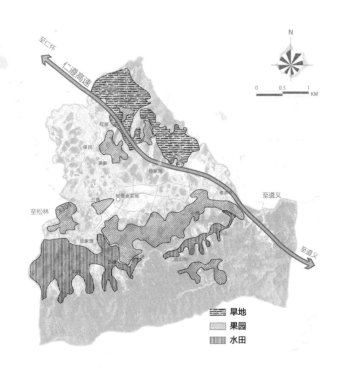

图 32　丘陵经济作物产业空间分布规划

（实践团队绘制）

4）田园旅游与森林康养业

（1）产业基础。

从周边资源来看，莲池村位于金鼎山镇全域旅游区内，周边有大板水森林公园、金鼎山景区、湿地公园等观光区；从村庄发展现状来看，莲池村开发了莲池·新天地乡愁生活体验基地和传统民宿基地；从村庄发展机遇来看，村内将通行仁遵高速，为全域旅游提供交通基础。

（2）现存问题。

一是引流问题。如何吸引游客来莲池村旅游观光、消费、住宿，是亟须解决的问题。二是景观问题。莲池·新天地景观的观赏性有待提升，且季节性的观赏活动只能带来短暂的收益。三是游线问题。观赏游线尚不连贯与成熟。四是设施问题。项目设施种类较少，留不住游客，无法拉动周边发展。

（3）产业发展路径。

田园旅游与森林康养业发展路径如下。

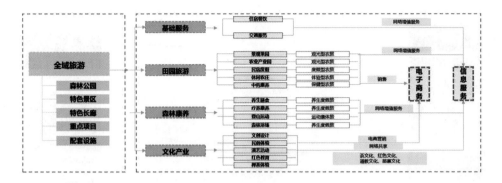

图 33　田园旅游与森林康养业发展路径

(实践团队绘制)

推进"旅游+产业"融合,构建全域旅游大格局。以金鼎山镇全域旅游发展为契机,以产业化为导向,依托贵州茶文化、遵义红色文化、金鼎山道教文化,发挥旅游业的带动效应,以延伸旅游产业链条为重点,完善旅游功能要素,健全旅游产业体系,推进旅游产业由"景点观光游"向"农旅一体游"转变。

前期依托生态景观资源和交通资源,吸引遵义市人流,通过增设配套设施满足游客的多样需求;规划村内道路,打造旅游环线,串联起各处景点,以旅游业带动村庄经济发展,提供就业岗位。

后期打造具有本土文化特色的金鼎山镇全域旅游线路,将文化产业与旅游业融合发展,依托道教文化、红色文化、茶文化等,挖掘民风民俗、文化信仰等文化形态,推进文化与旅游商品的深度融合,持续提升品牌知名度。

(4)产业空间布局。

田园旅游与森林康养业空间分布规划如图 34 所示。

□　5. 村居设计

1)建筑风貌特色

黔北,古称播州,包含遵义在内的贵州北部地区。历史上,黔北是贵州商贸往来较为密切的地区之一,文化交流活跃,地域文化丰富。巴蜀、湖湘、江浙等各种外来文化与黔文化在这里碰撞融合。在如此多样化的文化碰撞之下,黔北民居吸收了巴蜀建筑元素,并有徽派建筑的影子。

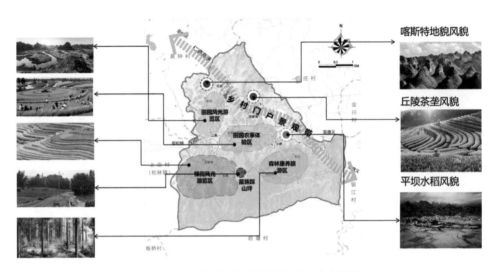

图 34　田园旅游与森林康养业空间分布规划
（实践团队绘制）

图 35　第一代黔北民居　　　　　　图 36　第二代黔北民居

2）村居风貌要素

本实践团队经过实地考察和资料收集后，将黔北民居的建筑特色概括为小青瓦结构、坡面屋、雕花窗、穿斗枋四个特征。小青瓦结构是指黔北屋顶以青瓦为构筑物，其结构大致为四分之一弧形体，并有特定的尺寸规定，对其长度、宽度及高度加以限定。坡面屋是指具有特定坡度大小和铺盖方式的屋面结构，由檩木、封檐板、拦檐条等组成，屋面使用的是小青瓦盖瓦。黔北民居的雕花窗是一种由实木制作的能体现当地传统文化、地方特色或寓意吉祥的几何图案花窗。穿斗枋指的是黔北民居的穿枋、墙柱、瓜柱突出于外墙面，除挑梁外不承受外力作用的结构。构件颜色皆为板栗色，厚度规定不小于 6 厘米，宽度与房屋大小应尽量协调。

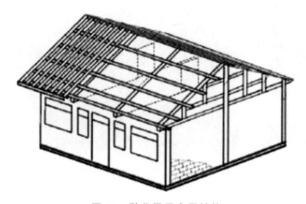

图 37 黔北民居房屋结构   图 38 黔北民居的雕花窗

（图片来源：潘谷西《中国建筑史（第 6 版）》）

3）代表性村居规划设计

在做好设计分工后，本实践团队前往代表性村居进行实地调研与测绘，了解居民意愿，构建设计蓝图。

通过调研与访谈，我们了解到当地村居的如下特征：院坝地基较为脆弱，需要疏解负重功能；后院与村道高差大且封闭，利用率较低；当前的民居体现出黔北民居特色，保存较为完整；房屋为几家人共有，相互之间独立性差。我们进一步对建筑外部场地和内部空间的相关尺寸进行了测绘，并运用无人机观察场地地形、绿化状态及其与周边建筑的关系。

本次设计提取黔北民居的穿斗枋、转角楼、青瓦、坡面屋等建筑元素，依据村民需求并结合现存问题，整合了建筑内部功能，使得相互干扰的空间变得独立，同时设置了联通的外廊，既丰富了空间形式，又提升了空间利用效率。

我们通过一字形建筑形态的改造，使得外部院落空间更加通透宽广，形成由数个院坝组成的外部空间，丰富和便捷了村民的日常生活。

本次村居设计以居民意愿为本，按照居民的生活需求来进行村居改造设计。我们将原来的凹字形建筑改为一字形建筑，协调了内外部空间的关系，使得空间组织流畅连贯。并且在建筑外立面设计上，增加了外廊作为居民日常活动与休憩的场所，更好地将建筑与自然山水风光紧密结合，体现了建筑设计的功能性。

图 39 待改造院落航拍图
（实践团队拍摄）

图 40 院落改造平面示意图
（实践团队绘制）

　　后院部分增设外廊，保留了青瓦、穿斗枋的结构，并设置雕花窗来体现独特的黔北民居风味。在满足了居民日常生活的同时，也增添了建筑的文化韵味。

图 41 后院改造设计效果图
（实践团队绘制）

　　本次设计在外部场地上，将设计重点放在了旧有的牛棚上，意图将其改造成居民活动的室外长廊。通过前期对场地现状的观测，我们意识到，牛棚的存在割裂了民居与其外部山水的联系，既没有道路的联通，也缺乏视线的呼应。本次改造将室外长廊作为休憩设施，增加了居民与客人停留的场所，也加强了建筑和外部场地的联系。

图 42　牛棚改造设计效果图

（实践团队绘制）

在前院的设计上，为了改变"院坝地基较为脆弱，需要疏解负重功能"的缺点，我们将前院入口拓宽，将原有的小山坡夷为平地，使得前院面积增大，增加了活动空间，并从主路上引入一条村庄次路通往前院，增强了疏解功能，解决了停车问题。此外，我们将外廊的特色引用到了北部立面上，增强了室内、室外的沟通与联系，可以使居民的日常活动变得更加丰富。

图 43　前院改造设计效果图

（实践团队绘制）

最后，实践团队队员在老师指导下测算了本次改造设计的成本，编制了改造设计预算表，为村委会实际实施改造项目提供了数据参考。

表 4　村居改造预算表

预算表（1 户占地 80 平方米、建筑面积 160 平方米）							
	编号	项目名称	项目内容	单位	规模	单价（万元）	总价（万元）
3 类行动计划	1	民房建设项目（1 项）	1.1　房屋改造	平方米	160/户	0.15	24
	2	公共服务完善工程（2 项）	2.1　牛棚改造	平方米	20	0.15	3
			2.2　室外景观及配套	套	2	0.2	0.4
	3	农村交通设施（1 项）	3.1　道路建设及硬化项目	人行道　平方米	6	0.02	0.12
				车行道　平方米	60	0.01	0.6
			3.2　停车设施项目	停车场　个	3	0.3	0.9
合计							29.02

四、总结

从乡村发展本质来看，乡村是具有自然、社会、经济特征的地域综合体，兼具生产、生活、生态、文化等多重功能，与城镇互促互进、共生共存，共同构成人类活动的主要空间。乡村发展，规划先行。在推进落实乡村振兴战略过程中，需要在充分认识村庄的基础之上创新思维，为村庄编制出符合村庄实际、具有操作性的国土空间规划方案。

从红色资源分布来看，遵义地区是典型的红色革命老区，彰显着中国共产党的光辉历史，象征着中华民族的奋斗历程。但在遵义的行政管辖范围内，仍有许多地方在历史上没有直接爆发过重大革命事件，我们创新性地将这些地区称为泛红色文化地区。结合以往的发展案例来看，以金鼎山镇莲池村为例的泛红色文化地区村庄切不可照搬红色文化核心地区村庄的振兴发展模式，必须结合实际，因地制宜制定村庄发展规划。

从村庄规划编制来看，本实践团队本着为乡村负责、为人民负责的态度，在莲池村识别乡村本底，挖掘地区潜力，结合不同地理特征导入不同产业，提出具有特色的空间格局、村居风貌和村庄环境营造策略，并将红色精神融入村庄发展，为村庄编制了《金鼎山镇莲池村村庄规划（2021—2035）》概念性方案。

从社会调查实践来看，2021年度大学生志愿者暑期文化科技卫生"三下乡"社会实践活动以"奋斗正当时，青年跟党走"为实践主题。在前期筹划过程中，本实践团队与指导老师就实践主题、目的和意义、田野点、调查方法等开展了多轮讨论，并融合了实践教育、思政教育、社会服务、专业认知、个人成长等多个实践目标。在实践过程中，时间紧，任务重，团队成员在一周时间里既开展了统一的学习参观活动、村民集体座谈等集体性活动，又分组开展了村庄土地利用踏勘、村民村居建筑测绘、采访乡村企业家、发放村庄发展意愿调查问卷、绘制规划成果等个人和小组性工作。实践团队队员白天分头行动，晚上集中研讨，高效出色地完成了各项调研任务。

从大学实践教育来看，经过本次实践活动，实践队员在社会认知方面收获较大。社会实践是当代大学生观察国情、社情、民情的有效窗口，能够帮助学生在社会课堂中受教育、长才干、做贡献，在观察实践中学党史、强信念、跟党走，让青春在为祖国、为民族、为人民、为人类的不懈奋斗中绽放绚丽之花。

社会实践团队名称：

党旗领航重温红色精神，设计下乡助力乡村振兴——建规学院党员先锋实践队

指导教师：

林颖副教授

团队成员：

李湘铖、陈银冰、肖美瑜、邵泉灵、李卓起、黄立阳

报告执笔人：

李湘铖、陈银冰、肖美瑜、邵泉灵、李卓起、黄立阳

指导教师评语：

国土空间规划作为整合各项空间规划的规划体系，自 2018 年党和国家机构改革以后便在不断发展完善，其中明确在城镇开发边界外的乡村地区，由乡镇政府组织编制"多规合一"的实用性村庄规划。本次社会调查实践活动中，实践队员创新性地提出泛红色文化地区的概念，在调查泛红色文化地区村庄时，结合城乡规划专业特色，开展村庄民居测绘等工作，不仅在理论层面有开拓性的创新，更在实践层面做出了系统而全面的成果。实践报告图文并茂，逻辑清晰，丰富翔实，专业性强，这都得益于同学们一个暑假以来的默契合作和辛勤付出。从报告层面而言，这是一份有问必答的优秀社会调查报告；从规划层面而言，这是一份极具实用性的概念性村庄规划；从团队层面而言，这是一支落实并发扬党员先锋服务队理念的队伍。

设计下乡助推乡村文化振兴的调查分析研究
——基于云南临沧、贵州毕节、贵州遵义三地的调研

摘　要

实施乡村振兴战略，是党的十九大做出的重大战略部署，是新时代做好"三农"工作的总抓手，其中文化振兴是乡村振兴的重要基础，是解决农村问题的关键一环。建规学院党员先锋服务队秉承"发挥学科特长、服务地方建设，筑牢责任意识"的指导思想，结合建规学院专业能力，学习 2021 年习近平总书记在全国脱贫攻坚大会以及建党百年庆祝大会上重要讲话精神，前往云南临沧、贵州毕节、贵州遵义切实做好巩固拓展脱贫攻坚成果同乡村文化振兴有效衔接各项工作，让脱贫基础更加稳固、成效更可持续。

关键词

文化振兴；设计下乡；乡风文明

一、研究背景

中共十一届三中全会以后，在邓小平同志的领导下，党对我国社会主义所处的历史阶段进行了新的探索，逐步做出我国正处于并将长期处于社会主义初级阶段的科学论断，这对我国明晰自身历史定位有重要的积极意义。而社会主义初级阶段的特征很大程度上即表现在乡村上，乡村建设对我国实现"两个一百年"奋斗目标、全面建设社会主义现代化强国乃至实现中华民族伟大复兴具有重大而深远的意义。

2017 年，习近平总书记在党的十九大报告中提出乡村振兴战略，指出农业农村农民问题是关系国计民生的根本性问题；12 月，中央农村工作会议首次提

出走中国特色社会主义乡村振兴道路，乡村振兴战略正式开始实施。如今，我国乡村正处于由近代型向现代型过渡的阶段，正在农业农村现代化的建设道路上奋勇前进。那么中国特色社会主义的乡村振兴道路究竟该如何走？中央农村工作会议亦提出了七条"之路"，其中之一即是必须传承提升农耕文明，走乡村文化兴盛之路。乡村振兴，文化先行，乡村文化建设是乡村全面振兴的基础。党的十九大后，习近平总书记亦提出了推动乡村文化振兴的思想理念，强调文化振兴对于乡村振兴总体战略的重要影响与意义，乡村文化振兴作为乡村振兴的内生动力，其蓬勃发展对于乡村经济与产业发展有着不可估量的强大推力。

2021年2月25日，习近平总书记在全国脱贫攻坚总结表彰大会的最后总结中指出，我们要切实做好巩固拓展脱贫攻坚成果同乡村振兴有效衔接各项工作，让脱贫基础更加稳固、成效更可持续。对易返贫致贫人口要加强监测，做到早发现、早干预、早帮扶。对脱贫地区产业要长期培育和支持，促进内生可持续发展。在圆满结束脱贫攻坚战后，建规学院党员先锋服务队再次前往云南临沧，巩固拓展临沧脱贫攻坚成果同乡村文化振兴有效衔接，并针对贵州毕节和贵州遵义开展村庄规划设计帮扶活动。

▍二、研究主题

在乡村振兴的产业、人才、文化、生态、组织五个振兴之中，文化振兴是重要一环，也是传承中华优秀传统文化的关键一环，振兴乡村文化不仅可以振兴乡村文化本身，而且对于乡村经济、组织等多方面的建设具有多重价值和意义，对满足"产业兴旺、生态宜居、乡风文明、治理有效、生活富裕"的总要求，健全城乡融合发展体制机制和政策体系，加快推进农业农村现代化等一系列乡村振兴战略目标具有重要的推动作用。

本次关于乡村文化振兴的研究，从历史角度，通过挖掘云贵地区乡村特色文化，对找寻中国文化的根脉、继承中华民族独特的乡村文化具有重要意义；从现实角度，研究云贵地区的乡村文化建设现状，有助于推动当地的乡村振兴全面发展，让乡村文化成为经济产业振兴的强大内生动力；从未来角度，乡村文化作为人类文明中的一种文化形态，不仅能满足农耕文明时代人民群众的精神文化需求，而且对工业化时代乃至信息时代的人们也有重要的精神滋补作用。乡村文化作为中华文化的重要组成部分，区别于其他文化所具有的极高文化价值和独特文化魅力，将在中国乡村乃至整个中国未来的社会发展中得以彰显。

三、调研地概况及研究方法

（一）调研地概况

□ 1. 贵州遵义

遵义市位于中国西南部、贵州省北部、云贵高原东北部，是贵州省第二大城市、新兴工业城市和重要农产品生产基地、黔北政治经济文化中心、中国历史文化名城、国家"西电东送"能源基地之一。市域东西绵延 254 千米，南北相距 230.5 千米。北面与重庆市接壤，南面与贵阳市接壤，东面与铜仁市和黔东南苗族侗族自治州相邻，东南面与黔南苗族布依族自治州相邻，西南面和毕节市相邻，西面与四川省交界。中心城区南距贵阳市 140 千米、北距重庆市 239 千米。全市土地面积 30762 平方千米，为贵州省总面积的 17.5%。遵义为 1982 年国务院公布的首批 24 个历史文化名城之一，被定为中国革命老区，先后被授予全国双拥模范城、中国酒文化名城、中国人居环境范例奖城市、全国绿化模范城市、中国优秀旅游城市、国家森林城市、国家园林城市等称号。

□ 2. 贵州毕节

贵州省毕节市威宁彝族回族苗族自治县是贵州省面积最大的民族自治县，辖 41 个乡镇（街道）619 个村（社区），是全省唯一由三个主体少数民族自治的县，居住着汉族、彝族、回族、苗族、布依族等 19 个民族。威宁县位于贵州省西北部，北、西、南三面与云南省毗连。县城交通区位优势突出，326、356 国道及内昆铁路贯穿县域，一个机场、三条铁路、六条高速公路的立体交通体系正在加速构建，威宁县将成为云贵川毗邻地区的重要节点。威宁县的资源优势得天独厚，拥有耕地 332.5 万亩、林地 242.6 万亩，成片草场和草山草坡 320 万亩；绿色能源开发前景好，光能资源和风能资源为贵州之冠，大量光能发电板、风力发电机已投入使用；旅游资源丰富，有草海、百草坪等自然旅游景点，由多彩民族文化、绚丽自然风光、生态清凉气候、厚重历史底蕴构成的复合型旅游资源独具魅力。

3. 云南临沧

临沧市位于云南省的西南部，东部与普洱市相连，西部与保山市相邻，北部与大理白族自治州相接，南部与邻国缅甸接壤。地势中间高、四周低，并由东北向西南逐渐倾斜。临沧是"南方丝绸之路""西南丝茶古道"上的重要节点，是云南省"五出境"通道之一，是连接南北、贯通东西的通道之地。在建设"一带一路""孟中印缅经济走廊""面向南亚东南亚辐射中心"，推进沿边开发开放中具有无可替代的区位优势。临翔位于云南省西南部，是云南五出境通道的重要节点，是临沧的主城区。临翔少数民族众多，民族风情浓郁，有傣族、彝族、拉祜族等 23 个少数民族，有世居民族 11 个，素有"中国象脚鼓文化之乡""中国碗窑土陶文化之乡"的美誉。

（二）研究方法

1. 文献调研法

遵义分队通过对《习近平新时代中国特色社会主义思想学习纲要》、《关于实施乡村振兴战略的意见》、遵义会议和苟坝会议相关红色精神的学习文件，以及遵义市红花岗区政府工作报告和红花岗区金鼎山镇莲池村各类官方基础材料的学习研究，总结出贵州省遵义市红花岗区莲池村乡村振兴工作开展的现实基础和可预期的发展方向，并针对可能出现的问题在国土空间规划层面做出相应的应对措施。

毕节分队通过对《习近平新时代中国特色社会主义思想学习纲要》《推进生态文明建设美丽中国》《习近平在全国生态环境保护大会上的讲话》《习近平谈治国理政》，以及基于贫困人口发展的旅游扶贫效应评估等报告、相关著作、期刊论文和官方资料的学习研究，归纳出生态文明及第三产业对脱贫的推动力量，为实践提供理论支持。

临沧分队通过对《习近平新时代中国特色社会主义思想学习纲要》《关于实施乡村振兴战略的意见》，以及临沧市政府工作报告和各基层关于当地的官方资料的学习研究，归纳出云南省临沧市临翔区生态文明建设的理论依据以及实践成果，为实践提供理论支持。

◻ 2. 访谈调查法

遵义分队基于对贵州省遵义市红花岗区金鼎山镇莲池村的客观认识，以代表座谈会、深度采访的形式对莲池村村民开展调查研究，了解当前乡村振兴工作推进的现状、规划以及预期成果，深入了解村民对乡村振兴工作的认知和评价，挖掘现实之中隐藏的问题。

毕节分队针对各村镇脱贫攻坚的做法、历程与成果，分别面向相关政府部门、相关村落、优秀企业代表、脱贫先进典型人物等进行座谈与访谈。

临沧分队基于一系列理论资料的了解，针对临翔区各村乡村振兴建设的现状、规划与成果，分别与相关市区级政府部门、村落村委的工作人员进行座谈访问，深入了解当地各方面建设状况。

◻ 3. 问卷调查法

遵义分队对莲池村相关企业工作人员、村民、村干部等发放问卷，调查乡村振兴工作的客观量化数据和主观感受数据，为规划方案铺垫基础。

毕节分队针对相关企业工作人员、村落村民、农村合作社成员等分发问卷，调查当地生态文明建设情况及生态文明与经济发展关系的情况。

临沧分队向临沧市临翔区各村村委干部、村落居民等分发问卷，调查当地经济产业状况及人居生活环境、生态文明建设等一系列情况，并对当地人的生活幸福指数、乡村建设满意度等做基本了解。

◻ 4. 实地考察法

遵义分队结合遵义市金鼎山镇莲池村第三次全国国土调查数据，对村庄公共设施点进行逐一勘察并更新记录数据，走访乡村主要产业生产现场，采访相关负责人产业发展现状，对典型民居进行红外激光测绘，并通过电脑建模，制定建筑改造设计策略。

毕节分队亲自走访考察各地政府及农业基地、旅游区，包括贵州省毕节市威宁彝族回族苗族自治县、贵州省毕节市瓮安县猴场镇、贵州省毕节市威宁彝族回族苗族自治县黑石头镇、贵州省毕节市威宁彝族回族苗族自治县板底乡等地的农业基地、果园基地、旅游区等产业核心区域，多方位广视角地考察各村落产业状况及村民脱贫情况。

临沧分队亲自走访临沧市各地，范围从市区到乡镇，从政府到人民，考察市规划展览馆、临翔科技创新研究院等，并由本硕博分队下乡到章驮乡勐旺村、忙畔街道永和村、马太乡平和村、博尚镇永和村、圈内乡斗阁村五地进行调研，多方位广视角地考察各地乡村振兴建设情况。

四、研究内容

实践队累计行程约 3000 公里，访谈 282 人次，发放问卷 111 份，形成 27 万字总结报告，在乡村振兴、思政教育、社会影响三方面取得丰硕成果。

遵义分队在花茂村与莲池村，开展了全域实地踏勘、村民座谈、代表性村居测绘、产业经济采访等工作，经过多次村庄发展研讨会，完成《金鼎山镇莲池村村庄规划（2021—2035 年）》概念性方案。从村域规划、产业研究与村居设计三个方面，累计规划约 200 公顷村庄用地，编制规划成果 70 页，并进行规划成果汇报，得到村委高度肯定，并就相关痛点商讨进一步改进举措。

毕节分队走访了猴场镇、黑石头镇、板底乡、盐仓镇等地，提出打造"盐仓镇（乌江源、向天坟、茶马古道）—百草坪—板底乡（彝族风情寨）"的区域旅游发展线路规划与多尺度的概念规划与方案设计，形成了 66 页规划汇报文件。威宁县领导班子对百草坪给予高度重视，决定重新对百草坪进行实地调研和深度规划。

临沧分队分为五组深入临翔区博尚镇永和村、章驮乡勐旺村、忙畔街道丙简村、马台乡平河村、圈内乡斗阁村，与村民同吃同住，一日一专题、一日一总结，开展了全域实地踏勘、党员干部座谈、村民问卷调查、产业经济采访、特色资源梳理等，以报告形式向临沧政府反馈"万名干部规划家乡"的实施情况。并从专业角度为乡村振兴背景下的村庄产业振兴献计献策。

图 1　乡村振兴调研图

五、调查结果

　　本次调查在《习近平新时代中国特色社会主义思想学习纲要》《关于实施乡村振兴战略的意见》等理论指导下，深入我国西南云贵地区，以乡村文化振兴的视角，看待云南省临沧市临翔区乡村脱贫后走向振兴道路上的文化建设，与当地乡村干部、人民群众进行深刻交流，从当地文化建设的组织情况、人民群众的精神文化需求满足度、当地文化资源等方面，分析云贵地区乡村文化振兴发展现状，总结其文化建设中存在的问题，进而提出具有针对性的乡村文化建设建议，以不断完善丰富云贵地区乡村文化振兴的实现路径。

本次问卷调查一共收集有效问卷 111 份，下面根据 6 个问题展开数据分析。

1. 您所在村庄存在的文化陋习有哪些？

样本中 51.4% 的受访对象认为所在村庄没有文化陋习。27.9% 的受访对象认为所在村庄尚存在高额彩礼的问题。9.9% 的受访对象认为所在村庄存在封建迷信的现象。6.3% 的受访对象认为所在村庄存在人情攀比的问题。2.7% 的受访对象认为村庄存在厚葬薄养的问题。由此可见，大多数村庄整体文化氛围较好，思想意识先进，较少盲目信仰或沉迷崇拜的现象，但仍然存在少部分的彩礼数额较大等现象。

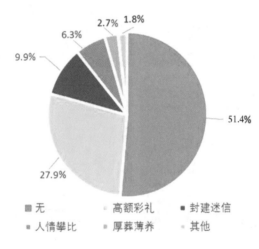

图 2　村庄文化陋习问卷统计

2. 您所在的村庄哪些文化活动开展较多？

样本中有 51.4% 的受访对象所在村庄在文化活动开展上主要以对村民进行形势政策教育为主，27.9% 的受访对象认为所在村庄广场舞比赛的活动开展较多，9.9% 的受访对象认为所在村庄对法律知识的普及活动开展较多，6.3% 的受访对象认为所在村庄电影放映的活动开展较多，2.7% 的受访对象认为所在村庄文艺演出活动开展较多。由此可见，大多数村庄基于村庄本身条件开展文化活动，其活动形式较为丰富，有形势政策教育、广场舞比赛、法律知识普及、电影放映等多种文化活动开展形式，其中主要以形势政策教育、广场舞比赛、法律知识普及为主。

图 3　村庄文化活动问卷统计

3. 您所在村庄有哪些独特的乡村文化?

样本中 51.4% 的受访对象认为所在村庄有村风村俗的独特乡村文化,27.9%
的受访对象认为所在村庄有村史名志的乡村文化,9.9% 的受访对象认为所在村
庄有民间传说的乡村文化,6.3% 的受访对象认为所在村庄有历史古迹与传统建
筑,4.5% 的受访对象认为所在村庄没有或者有其他独特乡村文化。由此可见,
大多数村民都认为所在村庄有源自村庄本身的独特文化,主要以村风村俗、村史
名志以及民间传说为主。这一方面可看出当地村民对所在村庄的文化习俗的了解
程度较深,另一方面可看出大多数村庄具有相应的文化资源发展优势。

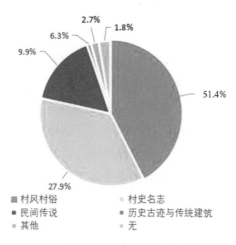

图 4　村庄独特乡村文化问卷统计

4. 您所在村庄在开展文化活动过程中能够主动收集居民的日常需求吗?

样本中57.7%的受访对象认为所在村庄在开展文化活动过程中比较主动收集居民的日常需求,36.9%的受访对象认为所在村庄在开展文化活动过程中非常主动收集居民的日常需求,2.7%的受访对象认为所在村庄在开展文化活动过程中不太主动收集居民的日常需求,1.8%的受访对象不清楚所在村庄在开展文化活动过程中是否主动收集居民的日常需求,没有受访对象认为所在村庄在开展文化活动过程中很不主动收集居民的日常需求。由此可见,村庄基层组织和干部开展村庄文化活动过程中能够较为主动地收集居民的日常需求,体现了其对于村庄文化建设的重视以及对于村民自身文化与精神需求的重视。

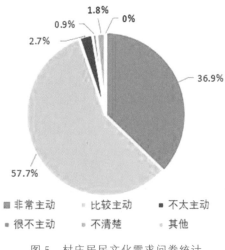

图 5 村庄居民文化需求问卷统计

5. 您所在村庄在乡村文化振兴实践中遇到哪些困难?

样本中67.3%的受访对象认为所在村庄在乡村文化振兴实践中遇到的困难主要是资金不足,27.3%的受访对象认为所在村庄在乡村文化振兴实践中遇到的困难主要是公共文化设施匮乏,2.7%的受访对象认为所在村庄在乡村文化振兴实践中遇到的困难主要是文化资源薄弱,0.9%的受访对象认为所在村庄在乡村文化振兴实践中遇到的困难主要是陈规陋习根深蒂固,0.9%的受访对象认为所在村庄在乡村文化振兴实践中遇到的困难主要是文化活动和民众实践脱节。由此可见,大多数村民对所在村庄在乡村文化实践过程中的认识较为统一,其文化振兴发展的困难主要在于资金不足和公共文化设施匮乏这两方面,体现出物质水平及基础设施建设对村庄文化发展建设的重要性。

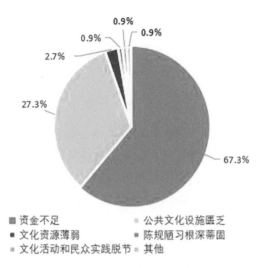

图 6 村庄文化振兴困难问卷统计

6. 您对你们村庄的乡村文化建设情况是否满意？

样本中 68.5％的受访对象对所在村庄的乡村文化建设情况非常满意，28.8％的受访对象对所在村庄的乡村文化建设情况基本满意，2.7％的受访对象对所在村庄的乡村文化建设情况基本不满意，没有受访对象对所在村庄的乡村文化建设情况非常不满意。由此可见，在村庄基层领导干部的带领下，乡村基于自身的物质与文化基础进行文化建设，目前取得的文化建设成果能使大多数村民感到满意。

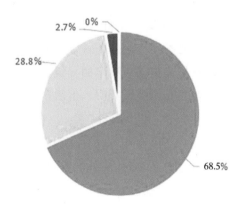

图 7 村庄文化建设问卷统计

▌六、实践成果

结合前期调研成果，实践团队完成《百草坪旅游区提升规划与设计》方案，其中包括百草坪旅游区驿站设计、百草坪草原驿站设计、百草坪导视系统设计。具体成果可参见下篇报告《"两山"理论指导下的脱贫攻坚与乡村振兴有效衔接的规划探索——以贵州省咸宁县为例》的介绍，此处不再赘述。

▌七、总结与建议

通过问卷调查和实地调研可知，云贵地区乡村文化振兴情况总体较好，基层干部与组织能够利用当地现有的物质与文化资源积极开展乡村文化活动，使当地村民广泛参与所在村庄的文化活动，基层干部的文化建设工作也得到了肯定性评价。另外，得益于良好的基层工作与提高的经济水平，多数村民的思想意识较为先进，封建迷信思想较少，村庄整体文化氛围良好；多数村民也都对所在村庄的村庄文化颇有了解，大多数村庄都有其本身的特色文化，是其乡村文化振兴中重要的精神文化资源。但是由于资金不足和公共活动场所等一系列基础设施的建设欠缺，村庄的文化活动开展受限，形式得不到创新，当地群众的精神文化需求不能得到全面的满足，且村庄存在少量文化陋习并未得到根除，特色文化也缺少宏观性的指导，对外的宣传力度不够，产业转型的困难较大。基于以上对云贵地区乡村文化振兴情况的分析，本文从乡村振兴战略中的生态宜居、治理有效、产业兴旺、乡风文明、生活富裕五点要求出发，提出以下改进建议。

（一）生态宜居：完善乡村基础文化设施，破解文化建设资金问题

在实地调研访谈关于村庄文化振兴建设的最大阻碍的问题上，多数村民认为资金不足与公共文化设施匮乏是村庄文化建设的"拦路虎"。目前我国已经全面脱贫，实现了全面小康的发展目标，但是尚未建成社会主义现代化，乡村

地区的农业农村现代化建设仍然需要乡村振兴这一重要发展战略支撑，以缓解我国城乡基本公共服务体系的不均等化问题。我国农村基础设施和公共服务滞后，无法适应乡村人民群众日益增长的对美好生活的需要。改善乡村文化建设，充足的资金与物质资源不可缺少，需要政府掌握的公共资源优先投向农村的同时，发挥财政资金的引导作用。资本进入农村，在市场和政府的双重作用下，优化乡村公共文化服务体系，最终乡村公共文化服务设施网络得以健全、乡村公共文化服务体系得以优化、乡村公共文化融合发展机制得以统筹，以此实现乡村文化振兴。

（二）治理有效：发挥政府文化建设主导作用，破解文化活动组织松散问题

在实地调查中，云贵地区的人民整体对所在村庄的文化建设工作较为满意。但是在访谈中可知，相比城市，乡村的文化活动开展形式依然较为单一，文化活动较为松散，尚不能成体系。这对政府提出了诸多要求。

一方面，政府需要提升乡村文化建设的治理能力，完善治理体系，坚持以人为本的思想内核，从"群众中来，到群众中去"，扎根于群众的精神文化需求，开展丰富多彩的精神文化活动，突破行政化的乡村文化治理模式以及"格式化"的管理方法的桎梏，在实践中不断创新现代乡村文化治理体系。

另一方面，针对尚存的少量村庄文化陋习，有效利用供给引导需求，推动文化供给侧结构性改革促进文化振兴，也是政府工作的重要内容之一。乡村基层政府应明确自身在乡村文化重塑中的角色，可以根据乡村人员的流动情况、喜好、年龄等，成立老人文化组织、读书会、文艺队、秧歌队等公共文化组织。发挥农民文化自治组织的力量，开展符合民意、表现民情、满足民需的公共文化活动和民俗活动，扩大乡村公共文化空间，以公共文化活动带动农民参与文化建设的热情。通过参与公共文化活动，提高农民建设乡村文化的主动性。

（三）产业兴旺：促进乡村文化产业融合发展，破解文化发展动力不足问题

云贵地区凭借其独特的自然条件，拥有丰富的旅游资源，少部分地区的旅游品牌影响力已经辐射全国。在临沧市的乡村地区，多数人已经有发展二、三

产业的意识，但是受限于种种原因，产业发展并不繁荣。究其原因，是因为当地相对薄弱的资源优势以及较为单一落后的运营模式。

针对此，地方应当根据本地特色推动具有差异化的旅游业发展，由单一主题的农家乐模式向多样化文化模式的产业集群过渡，建立数字网络信息平台，提高乡村旅游的吸引力和竞争力。通过文化生态旅游的发展、乡村旅游的有效供给和多产业的融合升级，形成乡村新产业业态和新发展模式，来推动乡村地区实现经济价值，提高产业链的综合效益，并提供有效的文化建设保护和利用。

政策引导乡村振兴的过程中，要重视培育文化品牌，利用"一村一特"打造"一村一品"与"一村一节"，通过展示、交流和举办体现当地文化特色的作品展、文艺演出等一系列活动，传承和发扬乡村文化。因地制宜地推动乡村振兴战略背景下的文化建设，避免"千村一面"，形成我国乡村典型的优秀文化和特色文化，继承和发扬乡村优秀传统文化。推动乡村优势产业集聚，形成乡村文化主导型发展模式。

（四）乡风文明：促进乡村文明繁荣乡村文化，破解乡村文化陋习问题

乡村文明是乡村文化振兴的重要根基，云贵地区乡村如今仍存在文化陋习等问题，如果乡村文化衰败，不文明乱象滋生，产业就难以获得持续的繁荣。要全面振兴乡村，还应按照乡风文明的要求，加强村风民俗和乡村道德建设，倡导科学、文明、健康的生活方式，以实现乡村文化振兴。

针对如今乡土文化被边缘化，以及大量村庄文化建设主题流失的问题。需要加强教育，改变村民"城市即先进、乡村即落后"的思维定式，鼓励村民重新审视乡村文化的价值，以现代化的眼光对乡村文化进行回望和致敬，才能继承发扬中国深厚的乡村文化，凝聚乡村振兴的精神力量。

乡村人际关系日益功利化，人情社会商品化，维系农村社会秩序的乡村精神逐渐解体的现状，提示我们乡村文化的振兴，不仅在于个体文化教育水平的提高，更在于村民社会责任意识、规则意识、集体意识、主人翁意识的培养，以社会主义核心价值观为指导加强农村思想道德建设，基层组织与驻村干部加强村民思想领导，加强农村思想道德建设，贯彻社会主义核心价值观，凝聚乡村振兴的精神力量，为乡村文化振兴打造良好文化氛围。

（五）生活富裕：提高乡村生活与教育质量，破解文化发展主体问题

乡村振兴的主体是人，满足人民群众的精神文化需求是乡村文化振兴的关键。乡村文化建设并非需要一味对齐城镇，找准自身发展优势，通过挖掘特色乡村文化，赋予乡村生活以幸福感、价值感和获得感，才能激发人们停在乡村，成为乡村振兴重要的推动力；而改善乡村人居环境，优化乡村自然生态环境，提高乡村生活质量，是促进人们留在乡村的关键因素。

教育是培育主体意识的直接方式。要加大对乡村教育资金和资源的投入，改善乡村地区的教育条件，利用现代化的教育手段，采取多样化的教育方式，提高农民的文化水平，增强其文化意识和主体意识。并根据不同群体采取不同的教育路径。针对留守妇女，应利用农闲时间，开展适合其参与的公共文化活动，使其在参与中提高文化水平，提升文化自觉意识。针对留守儿童，应加强家庭教育与学校教育，以增加其对乡村文化的情感与认知。同时，让广大儿童走出课堂，走进田野，亲身实地去感受乡村文化。以此，培养乡村群众了解、热爱、学习乡村文化的情感和意愿，并积极主动地参与到乡村文化振兴的实践之中。

参考文献

[1] 龚娜. 基于旅游者偏好的民族地区红色旅游动力研究——以贵州黎平、遵义地区为例 [J]. 贵州民族研究，2017，38（3）：163-166.

[2] 禹玉环. 遵义红色文化遗产的档案式保护策略探讨 [J]. 兰台世界，2014（2）：95-96.

[3] 习水县：文化产业发展生机勃勃 [J]. 红旗文稿，2012（21）：42-43.

[4] 禹玉环. 遵义市红色旅游文化效益提升机制研究 [J]. 大舞台，2012（10）：283-284.

[5] 钟金贵. 如何发挥遵义会议品牌的经济效应 [J]. 人民论坛，2012（20）：234-235.

［6］新华社．三幅"图鉴"说变迁——贵州"穿越时空"的脱贫印记［J］．工会博览，2021（21）：34-37．

［7］赵国梁，卢世容．以高质量融合传播讲好中国扶贫故事——贵州日报报刊社脱贫攻坚报道纪实［J］．传媒，2021（8）：38-40．

［8］杨世慧，赖晓霞，丁玉朵，等．少数民族文化与旅游业融合发展研究——以威宁县彝族回族苗族自治县为例［J］．营销界，2021（4）：25-26．

［9］刘科，王敏．试论威宁县传统彝族婚嫁音乐的保护与传承［J］．艺术大观，2020（13）：23-24，63．

［10］沈熙．临沧：努力打造国家可持续发展示范区［J］．可持续发展经济导刊，2021（Z2）：83-85．

［11］马平，甘雨．蜂旅融合，提速乡村振兴——临沧市沧源县蜂产业发展现状调研［J］．蜜蜂杂志，2021，41（5）：34-36．

［12］赵晟．非物质文化遗产传承人发展现状调查与研究——以云南省临沧市为例［J］．开封文化艺术职业学院学报，2021，41（4）：1-3．

［13］李若芳．乡村振兴在临沧的实践与探索［J］．创造，2021，29（4）：72-78．

［14］朱敏．临沧市乡村振兴战略发展模式浅析［J］．南方农业，2020，14（3）：120-121．

［15］魏江跃，张霞．临沧市党政考察团赴贵州浙江学习考察乡村旅游发展经验［J］．社会主义论坛，2019（8）：65．

［16］字文君．乡村振兴战略中关于临沧振兴"直过民族"传统文化发展问题探究［J］．中国民族博览，2019（4）：60-61．

社会实践团队名称：

华中科技大学建筑与城市规划学院赴云南临沧、贵州遵义、贵州毕节党员先锋服务队

指导教师：

何立群副书记、耿虹教授、陈宏教授、管凯雄副教授、林颖副教授、鲁仕维副教授、管毓刚讲师、乔晶讲师、王玥辅导员、赵爽辅导员

团队成员：

崔澳、刘思杰、余春洪、左沛文、林心仪、翟薇、吴雯馨、钟田、李佳泽、陈银冰、肖美瑜、王庆伟、张帆、时静

报告执笔人：

刘思杰、崔澳、余春洪、陈银冰

指导教师评语：

2021年建规学院党员先锋服务队以"党旗领航重温红色精神，设计下乡助力乡村振兴"为主题，到脱贫攻坚一线、红色革命地标深入了解党情、国情、社情、民情。队员们从设计下乡助推乡村文化振兴的角度，以我国云南临沧、贵州毕节、贵州遵义几个典型地区的村庄作为调研对象，切实做好巩固拓展脱贫攻坚成果同乡村振兴有效衔接的各项工作，让脱贫基础更加稳固、成效更加持续。在实践过程中，队员们不仅深入挖掘了当地村庄的历史文化和人文风貌，同时用专业设计为当地的乡村文化振兴提供了可行性方法。最终形成的实践报告紧扣实践目的，逻辑清晰、问题明确、内容丰富、客观真实。最后，希望他们能把小我融入大我，将青春奉献给祖国，将所学所见转化成看得见、摸得着、真正服务于百姓的东西，发挥党员的先锋模范作用，传承延续好党员先锋服务队精神。

"两山"理论指导下的脱贫攻坚与乡村振兴
有效衔接的规划探索
——以贵州省威宁县为例

————— 摘　要 —————

　　地处乌蒙山腹地的威宁县曾是贵州省面积较大、平均海拔较高、贫困人口较多、贫困程度较深、脱贫难度较大的国家级贫困县，却书写了中国减贫奇迹的"威宁篇章"，其脱贫路径具有典型意义。调研发现，威宁县脱贫攻坚路径与经验聚焦在"产业革命、3+1短板、易地扶贫搬迁、农村人居环境整治、环境保护与生态治理"五方面。从实现全面脱贫攻坚到乡村振兴，从战役到战略的转换，威宁县持续巩固脱贫成效，抓好脱贫攻坚与乡村振兴的有效衔接。在生态脆弱、产业单薄的威宁县，借助资源禀赋发展生态文化旅游或许是乡村振兴的重要突破口。本文践行"绿水青山就是金山银山"的理念，紧抓生态整治和旅游发展，以百草坪为例进行概念设计，从区域协调到生态保护设计，探究当地旅游可持续发展路径，助力乡村振兴。

————— 关键词 —————

　　"两山"理论；脱贫攻坚；乡村振兴；绿色发展

┃ 一、问题的提出

　　威宁彝族回族苗族自治县（以下简称"威宁县"）曾经是贵州省贫困人口较多、贫困程度较深、贫困发生率较高的国家级贫困县。在中央及省委省政府的正确领导，以及社会各界的大力支持下，威宁县成功闯出一条脱贫攻坚新路子，一层层撕掉贫困"标签"，成功实现脱贫摘帽。但脱贫摘帽不是终点，而是新生活、新奋斗的起点。2021 年是建党 100 周年，是"十四五"规划开局之年，是巩固拓展脱贫攻坚成果同乡村振兴有效衔接的起步之年。从中华民族伟大复兴战略全局来看，民族要复兴，乡村必振兴。

当前，生态环境日益成为生产力发展的重要源泉和保障，也是制约我国乡村振兴的短板。"绿水青山就是金山银山"——"两山"理论，是习近平生态文明思想的核心内容，为解决生态环境保护和经济社会发展的关系提供了新思路和解决方案，其核心与精髓就是绿色发展。因此，威宁县如何践行"两山"理论，开辟一条推进脱贫攻坚与乡村振兴有效衔接的绿色发展之路，是我们要思考的问题。

二、调研方法与调研地概况

（一）调研方法

□ 1. 文献调研法

通过对《习近平新时代中国特色社会主义思想学习纲要》《推进生态文明建设美丽中国》《习近平在全国生态环境保护大会上的讲话》《习近平谈治国理政》，以及基于贫困人口发展的旅游扶贫效应评估等报告、相关著作、期刊论文和官方资料的学习研究，归纳出生态文明及第三产业对脱贫的推动力量，为实践提供理论支持。

□ 2. 访谈调查与实地调研相结合

实践团队针对威宁县部分村镇脱贫攻坚的做法、历程与成果，分别面向相关政府部门、优秀企业代表、脱贫先进典型人物等进行座谈与访谈。

□ 3. 问卷调查法

针对相关企业工作人员、村民、农村合作社成员等分发问卷，调查当地生态文明建设情况及生态文明与经济发展关系的情况。

□ 4. 实地考察法

实践团队走访威宁县猴场镇、黑石头镇、板底乡、盐仓镇等多个村镇的农业基地、果园基地、旅游区等产业核心区域，多方位、广视角调研其产业状况及村民脱贫情况。

图 1   猴场镇调研合照

(团队自摄)

图 2   板底乡走访照片

(团队自摄)

图 3   贫困户访谈照片

(团队自摄)

（二）调研地概况

贵州省毕节市威宁县是贵州省面积最大的民族自治县，辖 41 个乡镇（街

图4 贫困户访谈照片
(团队自摄)

图5 团队合照
(团队自摄)

道)623个村(社区),是全省唯一由三个主体少数民族自治的县,居住着汉族、彝族、回族、苗族等37个民族。威宁县位于贵州省西北部,北、西、南三面与云南省毗连。县城交通区位优势突出,326、356国道及内昆铁路贯穿县域,一个机场、三条铁路、六条高速公路的立体交通体系正在加速构建,威宁将成为黔滇结合部重要区域性支点城市。

威宁县的资源优势得天独厚,绿色能源前景广阔,光能资源和风能资源为贵州之冠,大量光能发电板、风力发电机已投入使用;旅游资源丰富,有草海、百草坪等自然旅游景点,由多彩民族文化、绚丽自然风光、生态清凉气候、厚重历史底蕴构成的复合型旅游资源独具魅力。

□ 1. 猴场镇

1)区域概况

猴场镇地处威宁县东大门,东接六盘水市钟山区汪家寨镇,西邻二塘镇,北靠赫章县珠市乡,南连水城县双嘎乡。下辖16个行政村,居住着汉族、彝族、蒙古族等民族,内昆铁路、102省道、202省道穿镇而过。猴场镇自然环境恶劣、贫困面大、贫困程度深,由于交通、文化、经济等均相对滞后,增加了扶贫攻坚工作难度。

2)农业基础

当地居民以种植业、养殖业为主,发展特色农业,生态畜牧业稳步推进。其中,猴场镇大棚基地位于镇政府沿白泥河两岸的猴场坝子,是集观光、旅游、休闲和科研实验示范推广于一体的新型农业种植基地,为猴场镇农村产业结构调整和农民增收奠定了基础。

3）工业基础

猴场镇工业点多分布于其下辖行政村藤桥村。全镇有多家工业企业，包括洗煤厂、锌厂、煤矿等，环境污染较为严重。

□ 2. 黑石头镇

1）区域概况

黑石头镇位于威宁县西南部，地处乌蒙山脉中部，周边与麻乍、岔河、海拉、哲觉等乡镇接壤，是原行政区划的政治、经济、文化中心，更是周边多个乡镇的物流集散地。326国道过境，794县道途经多个村镇。黑石头镇已成为威宁县西南最大的人流、物流集散中心，具有明显的区位发展优势。全镇总面积332.69平方公里，辖23个行政村，居住着汉族、彝族、回族、苗族、布依族等民族。

黑石头镇森林覆盖率达46%，水利资源丰富，生态资源前景广阔。除主产玉米、马铃薯等农作物，还有畜牧业、中草药、水果、蔬菜、烤烟等特色支柱产业，黑石头镇生产的"优质红富士"皮薄肉脆、营养丰富，市场竞争力强，畅销省内外。

2）社会经济情况

黑石头镇道路交通、教育卫生、金融市场、通信网络、水电供给、养老保障等公共服务配套齐备。农村信用社、邮电储蓄业务正常运转；联通、移动、宽带、程控电话等覆盖全镇。完备的公共服务设施为全镇经济社会发展提供了充分保障。

黑石头镇主要产业有精品苹果、核桃、中药材、烤烟、特色养殖等。当地气候独特，紫外线丰富，年温差小，日温差大，较适宜苹果生长。黑石头镇苹果素面冰心、肉厚核小、脆甜相宜、营养丰富、入口难忘，在市场上供不应求。

□ 3. 板底乡

1）区域概况

板底乡位于威宁县东北部，该乡东、北部与赫章县妈姑、珠市两乡镇接壤，西、南部与威宁县东风、炉山、盐仓三个乡镇毗邻。地处高寒地区，自然条件恶劣，资源匮乏，产业结构单一，基础设施落后，贫困面大而且贫困程度深，是典型的边、少、穷地区。全乡居住着彝族、汉族、苗族、白族等民族，为彝族聚居地区，民族风情浓郁。

2）社会经济情况

板底乡民风淳朴，民间文化历史悠久、底蕴深厚。极具民族特色的优秀传统艺术节目傩戏"撮泰吉"（变人戏）2006 年被列入国家级非物质文化遗产名录。民歌"阿西里西"曾被选作第四届世界妇女大会开场曲。2013 年，板底乡成功举办"毕节市第七届旅发大会威宁县板底乡分会场"演出活动，推出"彝族特色风情晚宴"。2014 年，彝族年活动得到央视中文国际频道直播，板底乡彝族风情旅游在国内外得到极大宣传。

□ 4. 盐仓镇

1）区域概况

盐仓镇位于威宁县东部，东与板底乡接壤，南与炉山镇相连，西与羊街镇相连，西南与草海镇相交。毕威公路纵穿全境，有着优越的地理位置和便利的交通条件。全镇总面积 165 平方公里，辖 16 个行政村，是一个汉族、彝族、苗族、白族等民族杂居的乡镇。

2）社会经济情况

盐仓镇以种植玉米、马铃薯、荞子、芸豆为主。电网覆盖率达 90％，只有一些散居户未通电，全镇人畜饮水困难。

三、深度贫困地区威宁县脱贫攻坚路径调研

本次社会实践中，实践团队调研了威宁县部分乡镇和脱贫村，旨在深入了解深度贫困地区的脱贫经验。经调研，实践团队将生态脆弱的威宁县脱贫攻坚经验聚焦在"产业革命、农村人居环境整治、环境保护与生态治理"三方面。

（一）聚焦产业革命，输血转向造血

扶贫从输血转向造血，产业扶贫是关键与核心。发展产业是实现脱贫的根

本之策。作为原国家集中连片特困地区之一，威宁县集革命老区、少数民族聚居区、边远山区于一体，发展难度大、发展速度慢，走出一条农村产业发展新路子是威宁县脱贫攻坚的重要抓手。

□ 1. 以调整产业结构为核心，利用优势发展特色产业

各调研点充分利用现有资源，立足地理区位禀赋，借助已有优势开发产业潜力，创办特色产业。曾经以煤炭开采为主要支柱产业的威宁县猴场镇被人们称之为"灰姑娘"，如今猴场镇坚持"既要金山银山，也要绿水青山"的理念，紧紧围绕农村产业革命"八要素"，建基地、调结构、促发展，因时制宜，因势利导，积极发展特色经果林种植产业，创建了格寨精品苹果种植示范基地，并于 2017 年创建印落福地生态农业专业合作社，将生态效益与经济效益有机融合，为脱贫助力。随着产业结构不断调整，山绿了，水清了，摇身一变，成了远近闻名的"小金州"。在调研中，猴场镇新建村利用坡耕地种植板栗树，农民可以免费领取树苗进行种植，同时还能获得退耕还林补助支持。涉及户数 81 户，其中贫困户占 38 户，退耕还林 1000 亩。农民的腰包鼓起来的同时，生态生活都好起来。

□ 2. 以"三变"改革为动力，激活农村发展活力

长期以来，农村资源分散、资金分散、农民分散的状况十分严重，制约了乡村发展。"三变"改革是盘活农村"三资"，即资源、资产、资金的一项具体做法，实现"资源变股权、资金变股金、农民变股东。三变"改革恰恰抓住了"统"得不够的农村改革症结，通过股权纽带，让农村"沉睡的资源"活起来、各类分散的资金聚起来、农民增收的渠道多起来，经济效益好起来。

猴场镇借助产权制度改革契机，整合土地资源，以土地流转及土地入股的形式，成立种植养殖专业合作社，采取"公司合作社＋产业基地＋农户"的经营方式，把土地交给合作社及企业统一经营管理。通过"三变"改革激活，不仅充分利用了土地资源，让荒山变青山、青山变"金山"，还壮大了集体经济，增加了农民收入。格寨村精品苹果种植示范基地把社区的土地、荒山、荒坡进行统一集中、统一规划、统一管理，采用村社一体运作管理模式，以村党支部为主体示范带动，助推社区的脱贫攻坚。社区成立了合作社，建起了基地，最受益的就是村民们。基地共有 362 户 1907 人以土地资源或资金入股，不仅有

务工收入，还有股份分红，拓展了村民增收渠道。穿洞社区依托交通优势，按照定标准、建基地、走市场、创品牌发展思路，采取"合作社＋基地＋农户＋贫困户"模式，带领社区群众抱团发展，种植草莓、蔬菜，实现增效增收。

除了发展种植业，下腾桥村和中银村还根据老百姓有养牛的基础成立养牛合作社，带动了村里贫困户发展致富。老百姓通过流转土地，每年每亩得到800元流转费，同时他们又能在养殖场打工，解决了就业问题。中银村养牛合作社自2016年成立以来，共流转了2000多亩土地来种草，同时合作社免费将繁殖的小牛发放给村民喂养，等牛出栏后，村民可以分到70％的利润，合作社可以分到30％。

□ 3. 补齐交通基础设施短板，以产业路助农脱贫

要想富，先修路。突破交通瓶颈是决战脱贫的基础保障。猴场镇成立工作专班，将责任分解到人，修通村组公路，补齐交通基础设施短板，以交通建设突破农村产业发展瓶颈。由交通局牵头实施，格寨村将产业路修进田间地头，从山底蜿蜒盘旋至山顶，将300余户的坡耕地连成一片。产业路总长4.75公里，总投入950余万元，带动350余户2000余人增产增收，是一条带动格寨村产业发展的大动脉。过去，合作社种植靠人力运输，一来回要三小时，费时费力。补齐产业路短板后，原本抛荒的坡耕地发展经果林产业焕发新生，苹果8000多亩，樱桃、车厘子、桃树1000多亩……农户变成股民，妇女和年纪偏大的农民都能在村社一体的合作社务工，实现稳定就业。新建通村通组公路总长6.5公里，涉及3个村民小组、农户200余户1200余人。补齐道路基础设施短板后，新建村依托交通优势，种植板栗1000亩、樱桃1000亩、苹果500亩、香蕉300亩，发展特色产业。

（二）人居环境整治，建设美丽乡村

农村人居环境整治是提升农民健康生活水平的基础性工作，也是建设美丽乡村、提升脱贫形象的关键举措。威宁县以农村人居环境整治为抓手，动员各方力量，强化各项举措，大力推进农村基础设施建设，加快农村危房改造，强化面源污染治理，提升农村环境卫生形象，补齐了农村人居环境的突出短板，为高质量打赢脱贫攻坚战、实现与乡村振兴有效衔接奠定了坚实基础。

□ 1. 增建基础设施，全面提升乡村面貌

近年来，黑石头镇把人居环境整治作为改变村容村貌"脏乱差"的"易容术"，以美丽乡村、村庄清洁、污水治理等为抓手，全员参与、抓实抓细，不断提升"颜值"与"气质"。黑石头镇始终坚持以人为本，深入贯彻落实科学发展观，认真践行"两山"理念，通过召开会议、成立黑石头镇农村环境卫生整治领导小组及办公室，制定《黑石头镇农村环境卫生综合整治暨村庄清洁行动实施方案》等，明确了整治范围、工作重点、责任人员和保障措施。黑石头镇强力推进交通基础设施建设，实现了所有村组户通路，让群众彻底告别了"出行基本靠走"的历史。

□ 2. 标本兼治，扎实推进生活陋习革命

为建设美丽乡村，板底乡从农村环境卫生整治着手。利用好公益岗位组建一支责任心强、效率高的保洁员队伍，大力推进农村人居环境整治。为确保顺利推进农村环境卫生整治工作，板底乡8个村（社区）将农村环境卫生整治工作纳入乡规民约，将环境整治工作掰开揉碎讲给村民听，从而提高其环保意识，改变不良陋习。此外，板底乡还通过网格化管理压实责任，积极落实"十户联保"长效机制，动员全民参与，建设美丽宜居家园。板底乡积极开展人居环境综合治理工作，村容村貌得到改善，实现了村庄环境干净、整洁、有序，切实提高脱贫攻坚质量和形象，进一步助推乡村振兴。

□ 3. 创新基层自治，强化宣传引导

猴场镇积极推进"一中心、一张网、十联户"体系建设，提升基层防范化解矛盾风险的能力，构建上下联动、左右协调的基层社会治理共治共享新格局，为推动农村人居环境整治打下坚实的群众基础。通过"抓机关带农村、抓干部带群众、抓小手带大手、抓先进带后进"的方式，猴场镇各大村寨逐步形成了人人参与、家家行动、户户受益的良好氛围。

（三）坚持生态优先、共享绿色发展

威宁县牢牢树立"绿水青山就是金山银山"的理念，加快生态建设保护和

修复力度，增强"造血"功能，用绿色增添大地底色，让生态要素成为生产要素，生态优势成为发展优势，生态财富变成经济财富。

1. 退耕还林，推进生态保障

黑石头镇积极开展植树造林活动。2019 年至 2020 年，共完成新一轮退耕还林 31800 亩的种植任务；2021 年，黑石头镇国家储备林项目（一期）土地流转 1390 亩全部种植完成，也圆满完成了石漠化治理促封育 3771 余亩的荒山造林绿化任务，义务植树 6000 株。黑石头镇是威宁县生态建设的缩影。截至 2022 年 4 月，全县退耕还林工程项目完成 76.25 万亩，完成营造林 57257.8 亩，石漠化治理 40.35 万亩，森林覆盖率达到 46.93%。全县森林管护面积 451 万亩，林业主管部门与护林员签订管护承包合同 7233 份，覆盖管护面积 451 万亩，管护落实率均为 100%。

2. 遏制生态恶化，护林就业脱贫

在盐仓镇，青山如绿袄，严严实实裹住了山，一棵棵绿树苍劲挺拔，抵住风沙，涵养水源，成为乌江源头恢复生态、绿色发展浓墨重彩的一笔。从荒山秃岭到青山绿水，乌江源的蝶变是威宁县生态建设的一个缩影。守住"绿水青山"，方得"金山银山"。自 2016 年启动"护林就业脱贫一批"政策以来，盐仓镇践行习近平总书记"绿水青山就是金山银山"的理念，积极探索，"护林就业脱贫一批"工作取得了成效。

四、威宁县脱贫攻坚与乡村振兴有效衔接的现实困境与发展路径

（一）威宁县脱贫攻坚与乡村振兴有效衔接的现实困境

1. 产业发展结构失衡，三产融合欠缺

威宁县在脱贫攻坚阶段着重强调第一产业和第二产业的结构调整和特色发展，而其第三产业相对薄弱，服务业和信息产业的发展不平衡，造成一、二、

三产业融合水平不高、层次低、发展缓慢，进而制约脱贫地区规模经济和范围经济的进一步实现。以旅游业为例，威宁县具有低纬度、高海拔、高原台地等地理特征，给开发旅游业和多样化经营带来了得天独厚的优势，但由于基础设施建设严重滞后、建设资金不足、高级人才缺乏等因素，威宁县多年来都没有得到有效的开发，特别是在旅游业发展方面，不利于乡村振兴阶段多产业良性发展。

❑ 2. 生态资源较为薄弱，缺乏可持续性

威宁县地处云贵高原，高原草甸生态系统较为薄弱，在脱贫攻坚阶段，由于个别地方政府重经济轻生态的过度旅游开发，部分高原草甸受到一定程度的破坏；同时，威宁县水资源开发利用率较低，可利用水资源量小于总水资源量的30%，已用水资源量小于总水资源量的10%。由于脱贫攻坚阶段水利工程建设滞后，水利工程对径流调控能力不足，个别湖泊和部分河流水资源质量问题较为突出，已经威胁到湖泊的生态安全和生态系统永续发展。

❑ 3. 文化传承断层严重，忽视特色发展

威宁县是少数民族聚居区，具有特色的少数民族文化和传统乡土文化共同形成了当地丰富的文化底色，但青年人口外流、产业发展不平衡、资金匮乏等问题造成当地文化传承断层严重。持续的人口外流造成了乡土文化主体的缺失，对农村区域的文化产业振兴带来消极影响，抑制了本土传统文化的复兴进程。此外，威宁县少数民族文化发展缺乏系统化、体系化的专业指导，部分地方政府盲目建设文旅设施、大规模建造民宿等，忽视了适度经营的必要性，没有发掘本土特色鲜明的文化符号，一味模仿追求"网红"效应，造成当地传统文化继承人的积极性差、文化产品质量较低、文化输出后继无力。

（二）威宁县脱贫攻坚与乡村振兴有效衔接的发展路径

巩固脱贫攻坚成果是乡村振兴的基础内容，乡村振兴是巩固脱贫攻坚成果的核心目标。乡村振兴战略，不仅要实现乡村地区经济的高质量发展，更重要的是探寻自然资源生态效益与经济效益共生的耦合协调机制。"两山"理论就是引导我们避开资源消耗、环境污染的老路，开辟出一条污染降低、成本节

约、环境优美的绿色之路。因此，绿水青山是乡村振兴的基础，是出发点，亦是落脚点。践行"两山"理论成为推进乡村振兴的基础保障和实现良性循环发展的根本遵循。为巩固拓展威宁县脱贫攻坚成果与乡村振兴有效衔接，针对上述调研地采取的各项脱贫举措，我们从产业、生态、文化三个方面对乡村振兴路径做进一步分析。

□ 1. 创新再突破，突出"产业"新动能

实施产业振兴，构筑乡村振兴的动力支撑。作为原国家集中连片特困地区之一，威宁县集革命老区、少数民族聚居区、边远山区于一体，发展难度大、发展速度慢。产业振兴是乡村全面振兴的基础和关键。一是做大做强农业特色优势产业。立足于全县独特资源禀赋，突出特色化、商品化、精品化、规模化，优化农业产业结构和区域布局，持续把马铃薯和养牛作为全县主导产业来抓，将山地特色生态苹果产业作为地方经济发展的支柱性产业之一，继续助力巩固脱贫攻坚与乡村振兴的衔接。坚持把产业发展作为巩固拓展脱贫攻坚成果、推进乡村全面振兴的根本之策。二是着力培育新型农业经营主体。在原有扶贫产业基础上，大力培育农业产业化龙头企业、农民合作社、家庭农场等经营主体和农业社会化服务主体，贯通产、加、销各环节，做好基础设施配套，将威宁县打造成高原山地生态型精品农产品原产地、现代山地特色高效农业示范县和无公害绿色有机农产品大县。三是创新全域旅游产业发展模式。强化民族文化和旅游产业有效衔接，促进文化旅游产业向群众致富产业蜕变。凭借"文化＋旅游＋城镇化"和"旅游＋互联网＋金融"的创新发展模式，不断向全域旅游方向迈进。如板底乡突出地域特色和民族特色，把小城镇民族风情、文化底蕴、自然风光等结合起来，走"文旅融合"发展新路，积极打造民族文化旅游品牌，为全面实现脱贫致富奠定坚实基础。

□ 2. 保护再升级，实现"生态"更宜居

实施生态振兴，建设乡村振兴的绿色支撑。近年来，威宁县坚持"绿水青山就是金山银山"的发展理念，全面贯彻落实好极为严格的生态环境保护制度。生态宜居是乡村振兴的内在要求，绿色发展是乡村振兴的必然选择。一是巩固提升生态环境治理成果。继续加大生态保护力度，认真落实生态红线制度，积极抓好生态红线划定工作，腾退归还草海保护区内生态用地，提升草海

水质，推动生态环境质量持续改善，全力打造"绿色威宁"。二是优先发展生态循环农业。大力发展林下经济，充分利用林下土地，发展 55 万亩林下产业，充分释放生态恢复后的"绿色红利"。将绿色种植和经济发展一体结合，发展经果林产业，"绿色发展"换来了"绿色红利"。同时，政府应当采取措施加强农业面源污染防治，推进农业投入品减量化、生产清洁化、废弃物资源化、产业模式生态化，引导全县形成节约适度、绿色低碳、文明健康的生产生活和消费方式。二是抓好环境建设。全面调动群众参与人居环境整治积极性，强化垃圾管理、污水治理、河道清理等工作。着力解决全县农村垃圾随意堆放、污水乱流及河道淤泥和垃圾覆盖现象。注重"十大员"作用发挥，开展垃圾分类和资源化利用示范工作，推动实现垃圾源头减量化、收集分类化和处理资源化。同时，加大政策宣传，激发群众积极性，做到室内整洁归顺，无异味、不阴暗潮湿，物品摆放有序。三是积极开展农村空闲宅基地整治提升行动。在尊重群众意愿、为群众而建、让群众来建的发展思路上，因地制宜、因势利导、因户施策，建设小花园、小菜园、小果园等，协调有序发展，引导群众发展庭院经济、增加经济收入、美化生活环境，切实让庭院经济成为促进村容村貌更加美丽，人居环境更加改善、和谐、健康的绿色产业。

□ 3. 资源再挖掘，促进"文化"大繁荣

实施文化振兴，铸造乡村振兴的核心灵魂。威宁县地处川滇黔三省要冲，具有独特的资源优势和区位优势，悠久的历史，灿烂的文化，成就了底蕴深厚的民族文化旅游资源。文化振兴是乡村全面振兴的铸魂工程，发挥着基础性、引领性作用。一是加强文化基础设施建设，完善公共文化服务体系。均衡配置公共文化资源，建成覆盖县、乡、村的三级公共文化服务网络。深化文化体制改革，完善文化产业体系和文化市场体系。近年来，威宁县在多个乡镇（街道）都兴建了综合文化站、村（居）文化服务中心、农家书屋，实现农家书屋全覆盖，建成了一批极富民族特色的文化活动设施，文体广场等乡村文体活动条件日趋改善，管理体制日益完善，为各民族丰富多彩的文化活动奠定了基础。二是大力发展乡村文化新业态，推动民族文化与旅游的深度融合。大力发展特色文化，打造"藏羌彝走廊"威宁县示范点，规划建设一批文化产业基地和区域特色文化产业群，进一步挖掘整理、开发利用红色文化、民族文化民间文化以及丰富多彩的非物质文化遗产，建设一批民族风情小镇和民族村落，建

设一批民族文化博览园、民族风情实景展览中心等民族文化工程。围绕环草海生态公园、投资 9 亿多元的"一场三馆"体育综合体等体育基础设施建设，着力打造中国高原运动训练基地，推动文旅结合，发展康养和休闲运动产业，拓展文化与体育、旅游的深度融合，助推文化扶贫。

五、"两山"理论指导下的百草坪景区概念规划

威宁县位于乌蒙山脉，气候适宜，拥有良好的旅游资源禀赋。合理开发好旅游资源，为当地人民寻找新的经济来源，是乡村振兴阶段亟待解决的问题。但目前旅游发展乱象丛生，如何平衡好生态保护与旅游发展成为难题。我们选取当地生态价值高、旅游人数多，旅游发展与生态问题冲突较为严重的百草坪作为样本进行研究，探究在生态脆弱、经济亟待发展的双重难题下百草坪旅游可持续发展路径。

（一）调研总结

百草坪位于威宁县东部的高中山地区，处于多个乡镇交界处，坐落于海拔 2817 米的祖安山下，是乌蒙山地区最大的天然草场。草场面积 12 万亩，可利用面积 10 万亩，总面积 40 余万亩。海拔在 2400～2800 米之间，地貌以低山丘陵为主，漏斗状分布居多。百草坪属低纬度高海拔、起伏较小的喀斯特丘陵山地草场，是南方较大的天然草场和西南重要的畜牧基地。具备云、风车、牛羊马匹、雾、草原、高山等独特的景观优势，也具备草原自然文化与民族人文文化融合的文化优势。风起云涌，气象万千，坐看云天雾海与漫山牛羊，是难得的出世之境、天然的养生胜地与避暑胜地。

总的来说，百草坪交通便利，高原风光雄奇秀丽，历史民族文化底蕴深厚，旅游资源原生态的高原自然气质突出，潜在消费市场广阔。周边有板底乡民族文化景观类景点，有盐仓镇向天墓、奢香古驿道等历史经典景观类景点，还有草海自然景观类景点，可充分发挥自然优势，打造独一无二的高原草甸休闲区，同时发挥聚集效应，与周边联动，共同发展，提升聚集势能。同时，百草坪发展也存在极大威胁。首先，当地高寒草地生态系统脆弱，生态恢复能力差，威胁生物多样性。其次，百草坪与其他景点间职能分工不明，开发无序，私搭乱建，乱丢垃

圾，无人监管、处理，导致风貌杂乱，造成生态破坏。另外，当地水资源匮乏，限制发展。基础设施与服务设施不完善，影响旅游体验。

图 6　百草坪区位图

（团队自绘）

（二）规划原则与理念

对百草坪的内外部发展条件进行分析总结后，提炼出"生态优先，资源节约""规模控制，散点串线""产业振兴，文化传承""品质提升，以人为本"四条规划原则，以生态保护为核心，围绕"康养运动＋文化体验"这一主题进行保护性开发设计。基于高寒草地生态系统脆弱，水资源珍贵，环境污染后恢复难度大，不适宜高密度聚集性旅游业开发，提出"生态优先，资源节约""规模控制，散点串线"的规划原则。基于未来发展需要，振兴全域旅游产业，发扬核心民族文化，将文化和旅游有机融合，开发多样旅游活动，提供优质的互动体验，开发更多人性化旅游服务产品，提出"产业振兴，文化传承""品质提升，以人为本"的规划原则。提出"全域旅游，统筹布局""化整为零，适度集中"的规划理念，实现区域资源有机整合、产业融合发展、社会共建共享，以旅游业带动经济社会发展。将现有集中的游览区域切碎打散到整个规划路径中，适当设置集中服务。

（三）规划设计

基于板底乡和盐仓镇旅游产业发展分工不明、协调性差的现状，提出区域协调，共同发展的规划目标，打造"盐仓镇（历史文化体验）—百草坪（自然文化体验）—板底乡（民族文化体验）"这一文化体验轴。以百草坪为纽带，结合板底乡、盐仓镇的旅游发展条件，挖掘各自优势，发展特色餐饮、民宿，完善服务功能，提升服务品质。拆除百草坪现有私搭乱建的建筑，禁止民居、酒店、大型餐饮点的建设，优化自然景观。推动区域旅游产业融合发展，发挥集聚效应以提升整体旅游吸引力。

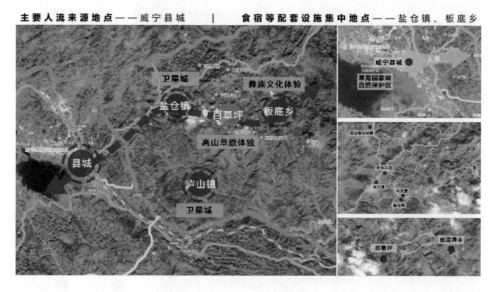

图 7　区域分工示意图

（团队自绘）

通过"打散分布点"形成"一轴两环、以线串点、以点带面"的结构，利用现有已破坏的草地建设分散的驿站以满足停车、交流、休憩的功能需求，不同的驿站保持基本功能不变并结合区位条件赋予其他功能。例如，在靠近盐仓镇和板底乡的入口处设置入口服务区，利用人流较大且草地现已破坏的地方设置综合服务区，结合各个景观特色分别设置风车观赏区、云海日出观赏区、滑翔体验区等。

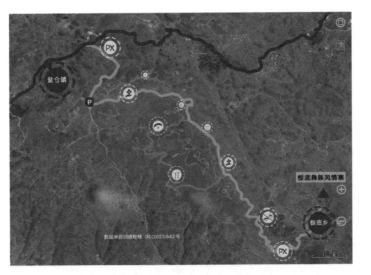

图 8　功能分区规划示意图

（团队自绘）

做好服务设施与基础设施配置。结合旅游与生态需求，加强通信、停驻、雨水回收、生态移动厕所、生态垃圾桶与垃圾回收站等设施建设。

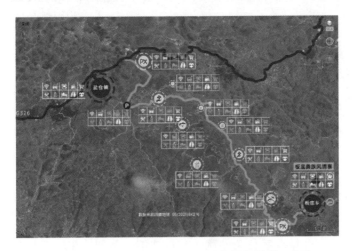

图 9　服务设施规划示意图

（团队自绘）

图 10　基础设施规划示意图
（团队自绘）

（四）驿站设计

针对百草坪景区内建筑风貌不一的现状，团队采取了顺势而为、有机呼应、多元设计的策略，从三个方面展开新的建筑单体设计。一是"模块装配，自由组合"，通过小体量基本模块灵活自由组合以适应多变的坡地地形；二是"呼应地势起伏的地景建筑"，顺应地形，呼应原始天坑形态；三是"就地取材，充分发挥环境优势"，通过选用当地的竹材、石材进行百草坪印象馆设计以及沿路商铺的整治。小商铺、休息室和驿站三类建筑，规模从小到大，皆从整体形态上呼应整体地势，在建造上降低成本、简化建造。

□　1. 沿路商铺整治：就地取材，可变设计

建筑与沿街商铺整治前后，结合高山草甸养护与环境修复，还一片青青草原。因此选择小体量装配式建造，以更谦卑的姿态呈现在原生态的高山草甸环境中。

在建造上，选择装配式的建造方式，以能在短时间内就地取材、快速搭建、便于搬迁和后期管理。在每个单元中，上部挑檐部分可活动单轴旋转以满足高山草原地区的天气需求，达到抬起可遮阳、看风景，放下可保温防雨的能力。

图 11   沿街装配式建筑效果图

（团队自绘）

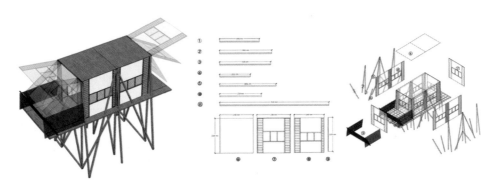

图 12   装配式建筑单体构造示意图

（团队自绘）

在材料上，使用竹子作为主要建筑材料，结合装配式设计，使得短期内就能够大量建造。竹子经过杀青处理，使用寿命为 3～5 年，使用周期结束即可进入自然降解阶段。

□ 2. 茶室与休息室设计：模块装配，适应基地

百草坪受威宁及周边其他地区游客的青睐，很多人驱车慕名前来郊游，休息室必不可少。在景区内部，临时休息室可为游客提供短暂休憩的私密空间。

山区地形起伏变化较大，通过小的基本单元拼接错动，更有效地呼应地形，减少大动土方，减少破坏草被。建筑外围阳光板可根据需求开启、关闭或拆卸，提供连廊、观景台、活动空间等多种功能。而相比沿街商铺，休息室的私密性需要得到保证，其外观形态也有趣味性需求，选择六边形蜂窝状的单元形态，打破常规的四面室内空间，也使观景视野更加开阔。平坦地势下基本单元的组合所受限制较小，可以根据周边条件向景区深处扩展或沿道路排布或二者结合发展，六边形的基本模式提供了自由发展的可能性。

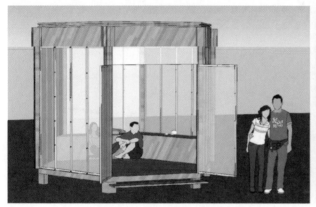

图 13　模块装配式建筑示意图

（团队自绘）

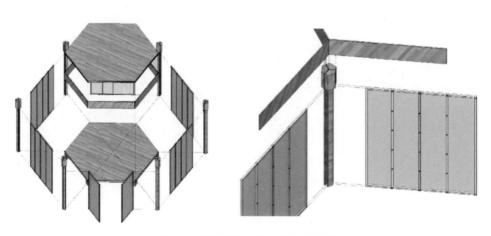

图 14　模块装配式单体构造示意图

（团队自绘）

◻ 3. 驿站：草地天坑，地景建筑

古人有诗云："无边绿翠凭羊牧，一马飞歌醉碧霄。"在这样的美景之中，以谦卑的姿态，使建筑消隐于百草坪广袤的丘陵草原，才能保证视野的整体统一、赏心悦目。因此，设计草原驿站的第一步便是利用地景、融入地景，在造型与功能上充分呼应自然：以自由曲面衔接山坡与谷地，开辟屋顶"第五立面"的游览模式，满足流线的贯穿始终。

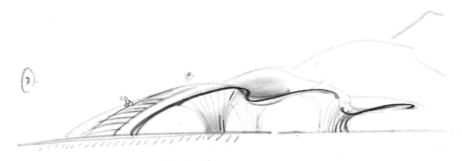

图 15　地景建筑设计示意图 1

（团队自绘）

在整个设计中，提取山势和地坑的意向，形成大屋面，在造型上融于周围自然环境；最大限度保留原有植被风貌，同时突出建筑的自然生长态势。选择烤弯竹材作为结构材料，满足结构韧性，且在竖向空间中富于变化。

图 16　地景建筑设计示意图 2

（团队自绘）

　　结构与造型的有机结合，将建筑的生长态势表达得淋漓尽致，尽最大可能消隐自身，融于周边环境。竹子套筒的结构形态很好适应大屋顶的结构受力分布，竹材为当地易得材料，就地取材，便于后期的更换和回收。

图 17　地景建筑设计效果图
（团队自绘）

图 18　地景建筑设计节点图
（团队自绘）

（五）视觉设计

　　百草坪的导视系统设计主要体现在以下三个方面。

　　第一个方面是指示系统设计，包括百草坪景区导览立牌、百草坪停车场入口导视、百草坪出入口导视、百草坪景区内部指示牌、白草坪景区垃圾桶以及百草坪指示标识平面设计。这套设计主要以彝族图腾中的红色和黄色为取色标准，搭配了该民族"鹰图腾"和"圆形"的视觉符号，突出自然生态、民族文化的设计理念。

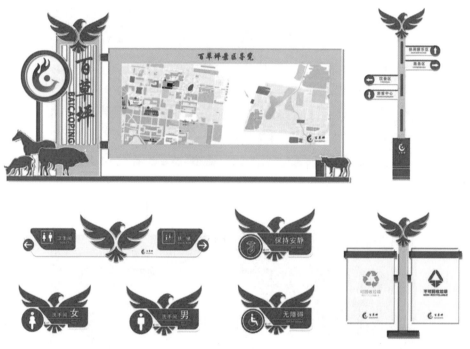

图 19　导视系统设计图

(团队自绘)

　　第二个方面是百草坪的视觉设计，包括百草坪旅游形象 IP（阿虎、阿鹰），这两个形象取自彝族对虎和鹰的自然崇拜，并融合彝族火把节元素和彝族特有的服装纹样。整个形象可爱卡通，更易于宣传。

　　除此之外，还进行了百草坪的 logo 设计，以彝族火把节元素"火"和苗族崇拜的图腾"凤"为基础元素，综合两民族图案纹样特色以及对太阳的图腾崇拜，构建出百草坪 logo。

　　第三个方面是百草坪文化创意产品设计，包括纸杯、帆布包、短袖、帽子、手机壳，以扩大宣传。

图 20　百草坪 logo 设计图

（团队自绘）

图 21　百草坪文化创意产品设计图

（团队自绘）

（六）生态设计

在生态技术方面，团队提出"草地天坑，雨水收集""移动厕所，污水回收""生活餐余，中水处理""旅游垃圾，集中处理"四项原则，以解决缺水、污水处理、垃圾回收等方面的问题。

▫ 1. 草地天坑，雨水收集

高寒草地生态系统脆弱，水资源珍贵，环境污染后恢复难度大。百草坪的草地天坑可以看作天然的下凹式绿地集水，其通过草沟等形式收集场地中的径流雨水。当雨水流过地表浅沟，污染物在过滤、渗透吸收及生物降解的联合作用下被去除，植被同时也降低了雨水流速，使颗粒物得到沉淀，达到控制雨水径流的目的。

▫ 2. 移动厕所，污水回收

高原草甸水资源稀缺，移动厕所可减少厕所对外界资源的依赖性，并节省资源。一般生态厕所具备粪便处理、回收水的功能，也有一些厕所不使用水冲方式而达到洁净目的。还有一些厕所利用太阳能作为取暖能源。这些厕所在使用上更具独立性，特别是对水资源的需求减少，从而具备了节水特点。移动厕所造价比较便宜，并且质量好、使用寿命长，非常经济。景区移动厕所，既然是可以移动的，当然也就更方便。移动厕所非常干净，但其用水量非常节省，其用水量只占一般厕所的1/2。环保厕所和移动厕所改变了人们以往对公共厕所的看法，其不仅给人们带来了方便，还节约了资源保护了环境，非常符合百草坪旅游景区的发展需要。

▫ 3. 生活餐余，中水处理

在水资源紧张的百草坪，将大量生活污水、旅游产生的废水等进行深度处理，使它们成为再生水，实现水资源循环利用，对于促进可持续发展、环境保护都具有深远意义。中水回用既可以缓解水资源不足的压力，还可以节省水资源投入费用。旅游餐余污水处理后回用于农业生产和绿化，可带来可观的环保效益。

□ **4. 旅游垃圾，集中处理**

在百草坪推行垃圾分类，需要形成资源转化意识，将垃圾转变为可利用资源。垃圾是放错了位置的资源。旅游企业运营中形成的垃圾，通过分类、回收、转化处理等多种途径，可以实现变废为宝和资源再利用。旅游饭店中产生的大量垃圾，可以通过专业的垃圾处理技术，变成能源和原材料，重新进入生产体系流通。旅游景区、旅行社等企业产生的垃圾，也可以通过分类，区分出可回收利用以及处理后利用两大类，进行垃圾的再利用，还百草坪绿水蓝天。

六、总结

地处乌蒙山腹地的威宁县，曾经是贵州省面积较大、平均海拔较高、贫困人口较多、贫困程度较深、脱贫难度较大的国家级贫困县。作为扶贫重点主战场，威宁县如期实现脱贫摘帽目标，彻底撕掉了绝对贫困的千年标签，谱写了一曲绝地突围、破茧成蝶的脱贫攻坚壮歌。

从威宁县的脱贫路径来看，我们聚焦于"产业革命、3＋1短板、易地扶贫搬迁、农村人居环境整治、环境保护与生态治理"五方面。扶贫从输血转向造血，产业扶贫是关键与核心。以调整产业结构为核心，利用优势发展特色产业；以"三变"改革为动力，激发农村发展活力；补齐交通基础设施短板，以产业路助农脱贫；以扶贫资金、技术为支持，助力产业脱贫。同时，补齐"3＋1"短板，助力全面脱贫。易地扶贫搬迁，拔掉穷根。开展农村人居环境整治，建设美丽乡村，走生态优先、绿色发展的新路。

千山万水走来，脱贫摘帽不是终点，而是新生活、新奋斗的起点。从实现全面脱贫到乡村振兴，从战役到战略的转换，威宁县持续巩固脱贫成效，抓好脱贫攻坚与乡村振兴的有效衔接。高寒地区生态脆弱、基础薄弱，我们选取百草坪这一旅游景点进行调研与规划，从区域协调到生态保护设计，探究旅游可持续发展路径，助力乡村振兴，奋力打造深度贫困地区巩固拓展脱贫成果同乡村振兴有效衔接示范地。

　　"绿水青山就是金山银山"。在生态脆弱、产业单薄的威宁县山区，一项旅游工程的改造也许就是带动当地创收的重要契机。扎根中国大地，服务大众需求。党员先锋服务队扎根乡村振兴的一线阵地，将人民的期望与热忱倾注于一笔一画，在国情、社情、民情面前扛起责任担当。希望不远的未来，那片云上草原，终将水草丰茂、绿茵遍山、沃野千里、物阜民丰。

社会实践团队名称：

华中科技大学建筑与城市规划学院赴毕节市威宁县党员先锋服务队

指导教师：

陈宏教授、管凯雄副教授、管毓刚讲师、王玥辅导员

团队成员：

王庆伟、符博涵、王秀颖、黄潇、张帆、时静

报告执笔人：

时静、张帆、吴雯馨

指导教师评语：

  "绿水青山就是金山银山"的"两山"理论，是习近平生态文明思想的核心内容，是马克思主义生态观中国化的最新理论成果，它准确把握了人类文明发展的规律，吸纳了中国传统文化的智慧，是统筹经济发展与生态文明的价值取向和目标所在，是统领生态文明建设、实现可持续发展的思想指南和行动纲领。在"两山"理论的指导下，团队成员深入到曾经是贫困人口较多、贫困程度较深、脱贫难度较大的国家级贫困县，同时也是贵州省面积较大、平均海拔较高的威宁县进行了充分的调研，采用了多种调研方法，深度走访了其中的四个乡镇，聚焦于"产业革命、3＋1短板、易地扶贫搬迁、农村人居环境整治、环境保护与生态治理"五方面，梳理了威宁县脱贫攻坚与乡村振兴有效衔接的现实困境，从产业、生态、文化三个方面总结了威宁县脱贫攻坚与乡村振兴有效衔接的发展路径，并以当地生态价值高、旅游人数多，旅游发展与生态问题冲突较为严重的百草坪作为样本进行研究，探究在生态脆弱、经济亟待发展的双重难题下百草坪旅游可持续发展路径。该报告涵盖从区域协调到生态保护设计，助力乡村振兴，奋力打造深度贫困地区巩固拓展脱贫成果同乡村振兴有效衔接示范地。

本书是以下课题项目成果：

2022—2023 年度全国高校毕业生就业创业与素质发展课题（XSFZ05）；

2020 年湖北省高校学生工作精品项目（2020XGJPB1001）；

湖北省教育科学规划 2022 年度专项资助重点课题（2022ZA02）；

华中科技大学学生思政工作项目 2020 年一院一品课题（3007220103）；

华中科技大学 2021 年校内思政专项课题一类课题实践育人项目；

华中科技大学 2021 基层党建研究课题（3009220103）；

华中科技大学 2022 年党建研究课题（2022Y20）；

华中科技大学 2022 年文科"双一流"项目课题（3011220035）；

高校思想政治工作队伍培训研修中心 2022 年度专项课题（YX2022ZD02）。